TRAITÉ

SUR LA NATURE
ET SUR LA CULTURE
DE LA VIGNE.

TOME II.

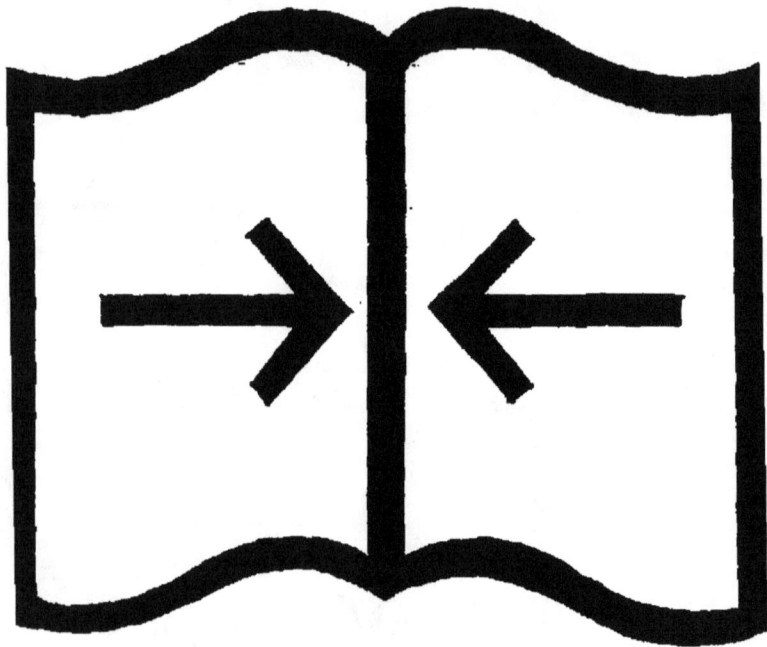

Reliure serrée
Illisibilité partielle

TRAITÉ

SUR LA NATURE
ET SUR LA CULTURE
DE LA VIGNE;

SUR LE VIN, LA FAÇON DE LE FAIRE,
ET LA MANIERE DE LE BIEN GOUVERNER.

A l'ufage des différens Vignobles du Roïaume de France.

SECONDE EDITION,

Augmentée & corrigée, par M. BIDET, de l'Académie d'Agriculture de Florence en Tofcane, & Officier de la Maifon du Roi.

Et revue par M. DU HAMEL DU MONCEAU, de l'Académie Roïale des Sciences, de la Société Roïale de Londres, des Académies de Palerme & de Befançon, Honoraire de la Société d'Edimbourg, & de l'Académie de Marine, Infpecteur général de la Marine.

Avec Figures.

TOME SECOND.

A PARIS,

Chez SAVOYE, Libraire, rue S. Jacques, à l'Efpérance.

M. DCC. LIX.

Avec Approbation & Privilege du Roi.

TABLE
DES CHAPITRES
Contenus dans le second volume.

─────────────

SECONDE PARTIE.

TABLE

Fin de la Table de la ſeconde Partie.

TROISIEME PARTIE.

Fin de la Table du ſecond Volume.

TRAITÉ
SUR LA NATURE
ET
SUR LA CULTURE
DE LA VIGNE.

****

SECONDE PARTIE.

DE LA MANIERE DE FAIRE LE VIN,
ET SON GOUVERNEMENT.

Objet de ce Traité.

J'AI démontré, dans le premier Volume de cet Ouvrage , combien il étoit intéreffant de bien cultiver & labourer la Vigne ; que la bonne cul- ture , un labour fréquent , un amandement modéré & proportionné à la qualité du terrein, & un plant choifi, contribuoient à procurer au vin une bonne qualité. Ces précautions ne font point encore fuffifantes ; cette bonne qualité du vin, fi defirable, dépend auffi de la maniere de le faire & de le gouverner dans les celliers & dans les caves; c'eft ce que je vais traiter dans ce fecond Volume. Je commencerai par prouver l'excellence du Vin fur toutes chofes ; j'appuierai cette preuve du témoignage de l'Ecriture fainte & de celui des Auteurs prophanes.

CHAPITRE I.

L'éloge du Vin, en général.

Y A-T-IL rien qui prouve plus par-faitement l'excellence du Vin, que les pénibles & continuels travaux que fupporte le Vigneron pour en obtenir la poffeffion ; travaux les plus pénibles de tous, & cependant incapables d'en détourner, d'en dégoûter, d'en rebuter le Vigneron.

Le Vin refait le fang, comme le lait, dit Ruel, refait les os, le fruit les nerfs, & l'eau la chair. Il n'y a point de remede plus certain que le Vin contre toute pâmoifon, évanouiffement & défaillance de cœur.

Afclépiade dit que l'utilité du Vin eft égale à la puiffance des Dieux. Cette liqueur eft fi précieufe, que le vice & la corruption en eft louable ; témoin le Vinaigre, qui eft de nature auffi froide que le Vin eft chaud, & pour cette raifon il fert de contre-poifon à l'ivrognerie. Le Vin fert luimême de remede contre les mauvais effets qu'il produit quand on en fait ufage avec excès. L'on a vu, & je puis affurer avoir vu moi-même, des buveurs de profeffion, fe defenivrer à force de boire du Vin d'une même efpece. Cet effet n'arriveroit pas visà-vis d'un buveur qui en boiroit de

fuite de plufieurs qualités différentes.
Voilà le cas où le Vin fait plus de
mal.

Le Vin eft le miroir de l'ame. Athe-
née appelle le Vin, le grand cheval
des Poëtes. Erafme & Henri-Etienne
appellent Vin théologal ; le meilleur
Vin.

L'efprit & le cœur s'amolliffent
dans le Vin ; là les plus fuperbes s'a-
douciffent, les avares deviennent li-
béraux, & les plus triftes prennent un
vifage plus gai.

Les plus farouches de nos Philofo-
phes n'ont pas dédaigné l'ufage du
Vin ; ils fe font contentés d'en con-
damner l'excès, & ont, pour ainfi
dire, foumis leurs plus aufteres vertus aux charmes de ce doux plaifir.
Saint Evremond.

        . . . . . Le vin & le hafard
Infpirent quelquefois une Mufe groffiere.
                     Boileau.

Pline dit que Staphilus fut le pre-

mier qui trempa son Vin , & qui le
tempera avec de l'eau. On a fait à ce
propos une fable, & l'on a dit que
Bacchus aïant été frappé d'un coup de
foudre , & étant tout en feu , fût jetté
dans le bain des Nymphes.

Le Vin est la liqueur qui flatte le
plus notre goût , la meilleure & la plus
nourrissante. Un homme appaise , à la
vérité , la faim par le secours du pain ,
& la soif par celui de l'eau , mais sitôt
que le Vin est entré dans le corps de
l'homme, il y cause une chaleur nouvelle qui court & se répand à l'instant
par tous les membres , & rétablit non-
seulement les forces , mais réveille &
réjouit l'esprit ; effet que toutes autres
boissons, comme Bierre , Cidre, Poiré , & autres, ne peuvent procurer. Si
les ratafiats , composés de différens
fruits , & plusieurs autres liqueurs,
ont quelques vertus, on sait qu'ils ne
les tirent que de l'eau-de-vie & de
l'esprit de vin. Le savant Duret nom-

me le Vin, le plus beau préfent que le Ciel ait fait à la terre.

Salomon dit que le Vin a été créé pour fortifier & réjouir le cœur de l'homme, & non pour éteindre fa raifon & affoiblir fon efprit ; que le Vin, pris modérément, eft la force de l'entendement, la joie du cœur, & la fanté du corps.

Le Vin eft la feule liqueur qui aide à la vie & à la fanté, *Enarr. Med. lib. 2. cap. 3.* Cardan dit que c'eft la liqueur la plus noble, tant par elle-même, que par fon ufage & variété, *De Rer. var. lib. 8. cap. 23.* tellement qu'elle renferme en elle feule tous les remedes falutaires ; que de toutes les vertus diftribuées en particulier par la nature dans les différentes plantes, elle en a généralement pourvu le Vin, pour le faire fervir d'antidotes à tous les différens genres d'infirmités de l'homme. *Janus Cornarius de re vinifera.*

Entre tous les végétaux , le Vin a été choifi pour le meilleur. *Theodold. in curr. triomp fil. pag. 363.*

Le vin eft ie lait de Vénus , *Apulei. l. 1.Metam.* C'eft le lait des Vieillards. *Avic. 2. 1. cap. 8.* Je me garderai bien de paffer ici fous filence l'éloge qu'en a fait le favant Auteur du Spectacle de la Nature ; je le rapporterai ici tout au long pour ceux qui n'ont pas lû fon Ouvrage.

» C'eft le privilege , dit-il , du feul
» Vin , d'apporter par-tout la vivacité
» & la joie ; il délie la langue , il éver-
» tue l'efprit & fait éclater la fatisfac-
» tion du cœur par le chant , au lieu
» que les autres liqueurs, foit naturel-
» les, foit artificielles, comme la bier-
» re, le cidre , le poiré, le thé, le caffé,
» le chocolat , & une infinité d'autres,
» font prefque toutes des boiffons fé-
» rieufes & taciturnes , qui laiffent
» l'homme livré à fa mélancolie.
» Point de bonne chere où le Vin

» manque : il renferme seul des mets
» exquis, rien ne peut le remplacer.
» Tout le reste n'est pas capable de con-
» soler de son absence : il fait un autre
» bien, en écartant la tristesse & les
» passions sombres, il répand la séré-
» nité sur le front, il adoucit les cœurs
» les plus aigris, il rapproche peu-à-
» peu des personnes ennemies, qui
» sont charmées de se revoir avec un
» air ouvert & sans embarras. La cole-
» re n'est plus dans leurs yeux; elles se
» trouvent aimables, & la haine fait
» place à l'amitié renaissante.

» Le Vin devient ainsi le Média-
» teur des réconciliations, le plus gra-
» cieux, le plus insinuant & le plus
» facile à trouver. On peut dire qu'il
» est un des liens les plus engageans
» de la Société : il est encore un des
» plus puissans soutiens de l'hom-
» me dans son travail, soit en le
» lui faisant commencer avec joie,
» soit en rappellant tout-d'un-coup

» les forces épuisées par la fatigue.

» Le pain met l'homme en état d'a-
» gir ; mais le Vin le fait agir avec
» courage, lui rend son travail aima-
» ble. L'ame, auparavant ensévelie
» dans une mélancolie profonde,
» semble revivre par son secours ;
» elle se produit, elle se répand dans
» le dehors ; elle met l'agilité dans les
» pieds, & des expressions de joie
» dans la bouche : tous ses maux sont
» oubliés, elle prend des sentimens
» de vigueur ; la timidité, qui sem-
» bloit la resserrer en ne lui laissant
» voir que ses peines, fait bientôt
» place à l'espérance & à la résolution.

» Le Vin est si ami de l'homme,
» qu'il varie ses goûts selon ses dispo-
» sitions. Sommes - nous en bonne
» santé ? le Vin rejouit l'odorat, la
» langue & l'estomac. Il semble nous
» donner avis de la proportion qu'il a
» avec tous nos besoins. Sommes-
» nous malades ? il change alors sa

» féve enchanteresse en une amertu-
» me insupportable ; il semble nous
» avertir obligeamment qu'il n'est
» propre qu'à augmenter chez nous
» l'altération & le trouble «. *Spect. de
la Nat. Entret. XIII. pag. 326 & suiv.*

Selon l'Auteur de la Maison rusti-
que , tout le monde convient , jusqu'aux buveurs d'eau , que la qualité
propre du Vin est de réparer les esprits , de fortifier l'estomac , de puri-
fier le sang , de favoriser la transpira-
tion , & d'aider à toutes les fonctions
du corps & de l'esprit.

Eloge particulier des Vins , crus en différens lieux.

Selon M. Angran de Rue-neuve
d'Orléans , Auteur des observations
sur l'Agriculture , *tom. 2. ch. 6,* on doit
préférer les Vins de Champagne à
ceux de Beaune ; ceux-ci aux Vins de
Tonnerre ; ces derniers aux Vins de
l'Orléannois ; ceux-ci aux Vins d'An-

jou, de Poitou & de Touraine ; ces trois derniers, à ceux de l'Isle de France & du Gâtinois, & ainsi des autres : cette différence n'étant occasionnée que par les sels dont les terres qui produisent les Vins sont remplies.

Vinceslas, Roi de Boheme & des Romains, étant venu en France pour y faire quelques Traités avec Charles VI, se rendit à Rheims au mois de Mai 1397. Etant en cette Ville, il en trouva le vin si bon & si excellent, qu'il s'enivra plus d'une fois. Un jour s'étant mis par-là hors d'état d'entrer en négociation, il aima mieux consentir à ce qu'on lui demandoit, que de cesser de boire du vin de Rheims. (*Observ. sur l'Agriculture*, tom. 2 p. *191*.)

Cependant les vins de Bourgogne l'emportoient sur ceux de Champagne il y a trois ou quatre siecles. Le prix de ceux de Bourgogne étoit des deux tiers plus cher que ceux de la Cham-

pagne. Cette différence de prix étoit
une preuve de la différence de qualité, qui ne pouvoit provenir que d'une
mauvaise façon dans celui de Champagne, ou bien il falloit alors qu'il fût
peu connu. En 1500, il prit faveur;
Charles V, & François I, Henri VIII,
Roi d'Angleterre, & Leon X, Pape,
avoient chacun un Commissionnaire
résidant à Aij, l'un des meilleurs Vignobles de la Champagne pour la Riviere de Marne, avec Sillery & Ver-
senay pour la montagne de Rheims,
pour s'assurer à tems de ce qu'il y avoit
de meilleur.

En 1559, celui de Champagne
l'emportoit sur celui de Bourgogne
d'un tiers pour le prix. Aujourd'hui
si le vin de Bourgogne se vend trois
cens livres sur les lieux, celui de
Champagne, tel que celui de Sillery,
Verzenay, Aij, Auvilliers & Epernay, se vendra, six, sept & huit cens
livres, quelquefois, celui de Sillery,

mille & douze cens, quoique la jauge
ſoit plus petite d'un huitieme un tiers
que celle de Bourgogne.

Le titre que le Roi Henri IV prenoit de Sire d'Aij, ne tire ſon origine
que de l'eſtime & du cas que ce grand
Roi faiſoit des vins de ce Vignoble, dont le goût, l'odeur & le brillant annoncent la nature la plus parfaite. Si nous en croïons les plus ha-
biles gourmets, le vin de Champagne l'emporte de beaucoup ſur celui de Bourgogne. Ce dernier a de
la vigueur, de la ſolidité; il paroît,
dit-on, plus propre à la ſanté; ſa
couleur annonce qu'il a du corps, ce
qu'on eſtime être une marque de ſalubrité; mais cette couleur lui eſt
commune avec les vins les plus communs & les plus groſſiers; elle ne
provient que du mélange qui s'en fait
par la forte preſſion de ſes particules
épaiſſes de l'écorce du grain de raï-
ſin: il en eſt moins coulant, il ſé-

journe longtems dans les entrailles,
& sa digestion en est difficile. Plus un
vin a de couleur, plus il forme de
tartre ; plus il est tartareux, plus il
occasionne la goutte & la gravelle, qui
sont presque, comme le dit l'Auteur
du Spectacle de la Nature, inconnues
en Champagne.

On fait bien du vin blanc dans tous
les Vignobles, même en Bourgogne ;
mais ces vins approchent-ils, en couleur & en qualité, de celui de Champagne ; au lieu qu'en Champagne on
fait du vin aussi rouge que celui de
Bourgogne, & de telle couleur qu'on
le souhaite, avec beaucoup de facilité.

Je viens de dire qu'en Bourgogne,
& dans tous les autres Vignobles, on
fait bien des vins blancs, cela est vrai ;
mais ce n'est qu'avec des raisins blancs,
au lieu qu'en Champagne on les fait
avec les mêmes raisins noirs, qui servent à faire le vin rouge, & le rouge le
plus velouté. Je voudrois bien voir des

Bourguignons faire du vin parfait blanc, avec leur raisin noir.

CHAPITRE II.

De la différence des Fruits, & d'un Vin blanc avec le rouge.

LES Vignes plantées dans un bas terrein & entre deux gorges, produisent beaucoup, & de mauvais vins. Celles plantées en lieu moïennement élevé, le produisent meilleur & plus vineux. Le terrein large & plat, plus bas que les côteaux, en produit moins, mais plus fin, plus délicat, & souvent liquoreux. Celui qui approche les rivieres, qui est le plus bas, ainsi que celui qui approche le plus près du sommet des montagnes, fournissent ordinairement du vin abondamment, pourvu que les gelées d'hiver & du printems ne brûlent pas les boutons ; mais ce vin est toujours très

foible : on ne peut le garder long-
tems.

Je répete que les côteaux moïennement élevés , expofés à des vents doux
& à une bonne température d'air , &
qui reçoivent obliquement & non
perpendiculairement les raïons du Soleil , produifent un vin ferme , chaud
& durable , & qu'il doit être préféré
à tous les autres. Je ne prétens cependant pas établir par-là que cette favorable expofition de la Vigne , foit la
feule & véritable caufe de la plus parfaite qualité du vin : je foutiendrai
toujours qu'elle n'eft qu'auxiliaire , &
que le grain de terre y coopere plus
que toutes autres chofes.

Rien n'eft encore plus certain , que
dans les années abondantes en fruits ,
le vin fera de moindre qualité que
dans des années ftériles. Une Vigne
qui porte peu de fruit , le produit
meilleur , parceque ce feul fruit par-
ticipe plus des fels de la terre , & des

influences : auffi voïons-nous tous les jours qu'une Vigne vieille produit des vins infiniment fupérieurs à tous autres.

Les raifins noirs produifent un vin puiffant, vigoureux, ferme, chaud, brillant & durable ; au lieu que le blanc produit un vin foible , d'une couleur jaune & terne , faifant fans ceffe beaucoup de dépôt , & qui, confervé en cercle , dure au plus une année entiere.

Le raifin qui tire fur le roux , eft le plus parfait de tous : mélangé avec le raifin noir , il produit un vin beaucoup plus agréable que le feul raifin noir. Auffi , comme je l'ai déja dit, les fameux vins de Sillery & Verfenay en Champagne , doivent leur réputation à cette efpece de raifin qui y croît plus abondamment que dans tous les autres terroirs.

CHAPITRE III.

Préparatifs pour la vendange & pour le pressurage des raisins.

Un Propriétaire qui s'est appliqué pendant le courant de l'année à faire bien cultiver sa Vigne, qui a donné une partie de son tems pour en visiter les ouvrages, n'a encore opéré qu'à demi : ses soins lui ont procuré, à la vérité, une abondance de fruits ; mais cela ne suffit pas. Ce Propriétaire doit encore consacrer une partie de son tems pour la cueillette des raisins, à laquelle il est bon qu'il se trouve, pour en faire le triage à propos, pour le pressurage qu'il doit faire faire devant ses yeux, & pour composer ses cuvées avec le succès qu'il doit en attendre. Il doit, vers le printems, faire sa provision de poinçons, dont il juge qu'il aura besoin pour la récolte prochaine , fans attendre la veille des vendanges. Le premier avantage qu'il en retirera , fera de les avoir à meilleur compte ; le fecond, d'avoir le choix des meilleurs & des mieux conditionnés. A la veille des vendanges, les Tonneliers font extrêmement preffés d'ouvrage ; fouvent ils manquent de bons ouvriers, ils emploient le rebut de leurs marchandifes , & ils font moins exacts fur la jufte mefure de la contenance des vaiffeaux.

Vers le mois de Juillet, il doit vifiter fon preffoir , & toutes les uftenfiles qui en dépendent, pour y faire faire les réparations qu'il jugera néceffaires: Il doit en même-tems vifiter fes cuves & les vaiffeaux deftinés pour la conduite de fes vendanges de la cuve au preffoir ; les faire relier & mettre en état de fervir. S'il attend la veille des vendanges à faire faire le reliage de ces vaiffeaux, les cerceaux qui n'auront point eu le tems de prendre leur plis, occafionneront de grandes difficultés à renfoncer ces vaiffeaux au pié de la Vigne, & fouvent une grande perte de vin ; c'eft ce qui arrive affez ordinairement dans les Vignobles de la montagne de Rheims, où les Propriétaires de Vigne, qui n'ont le plus fouvent de preffoir qu'en cette Ville ; y font ramener leur vendange de deux ou trois lieues, & fe fervent pour cet effet de ces vaiffeaux qu'on nomme communément *trentains*, dans lefquels on renferme au pié de la Vigne la vendange qu'on deftine pour faire les vins rouges, & qu'on foule fortement avec une pillette, jufqu'à en faire monter le vin jufques fur le fond du vaiffeau. Veut-on pour lors renfoncer ces trentains? On eft obligé de defferrer les cerceaux du bout, pour pouvoir remettre les pieces de fond à leur place ; ce qui fépare les douves du vaiffeau à fon extrémité, & fait répandre le vin. Le moïen de fe parer

de cet inconvénient, est de mettre en
œuvre la méthode suivante.

Le Tonnelier qui fait les trentains, Fig. 1. pl. 1.
donnera à la piece du milieu du fond *a*,
qui se renfonce, un pouce, ou un pouce Fig. 2. pl. 2.
& demi de largeur, plus par un bout que
par l'autre : au centre de cette piece,
il placera un écrou de fer *b*, dont
l'ouverture aura six lignes de diametre. (Quoique cette méchanique
soit très simple, il est cependant nécessaire de voir la figure planche premiere, figure 1. pour la bien entendre.)
Il aura une barre de fer *c*, de la même
longueur que le fond, de deux pouces environ de largeur sur toute sa
longueur, ceintrée sur deux pouces
d'élévation au-dessus de l'écrou. Cette
barre sera percée d'un trou de six lignes de diametre ; au travers duquel
passera un tire-fond *d*, fait en vis, pour
entrer dans l'écrou. Ce tire-fond, arrêté à deux pouces au-dessus de la barre de fer par une embase dans l'é-

crou, fera ceintrer d'autant plus la
piece du fond, qui fe placera aifément
entre les deux autres qui l'accompa-
gnent à droite & à gauche, & s'en dé-
placera avec la même facilité, quand
on voudra défoncer le tonneau. Ce
tire-fond aura au-deffus de fon am-
bafe une petite manivelle *e*. La piece
de fond mife en fa place, le tire-fond
& la barre de fer ôtés, on bouchera
le trou de l'écrou avec un bouchon
de liege.

Cette barre & ce tire-fond fervi-
ront pour tous les trentains, pourvû
qu'ils aient tous un même écrou, &
que chaque fond ait à-peu-près un
même diametre.

En obfervant cette méthode, on
n'eft plus obligé de ferrer & defferrer
les cerceaux ; on peut même les arrêter
& les fixer avec des cloux.

Huit jours après les vendanges, le
Propriétaire de Vignes ouvrira l'en-
clos de fon preffoir & fes celliers, les

fera bien balaïer & nettoïer de toutes ordures, depuis le haut jufqu'en
bas , fera frapper les coins du baffin
de fon preffoir , jetter de l'eau deffus
pour le tremper & bien laver , ainfi
que dans les cuves & vaiffeaux qui en
dépendent. S'il s'apperçoit que fon
preffoir ou quelques-uns de fes vaiffeaux ait pris un mauvais goût , un
goût de renfermé ; il prendra de la
chaux vive, qu'il fera fondre dans une
quantité fuffifante d'eau , & en frot-
tera les maies de fon preffoir & l'intérieur de fes vaiffeaux , qu'il lavera
bien enfuite avec de l'eau claire : il
pourroit encore prendre une lie de vin
nouvelle, qu'il délaïeroit avec de l'eau
nette , & en laveroit fortement les
cuves & vaiffeaux.

Il aura foin de faire graiffer la vis
& l'écrou de fon preffoir , & tous les
mouvemens, afin de les rendre plus
faciles, & éviter la dureté des frottemens , qui fatiguent beaucoup les ou-

vriers. La graiſſe qui y convient le
mieux, eſt le beurre frais, qu'on y applique ſans le fondre. Le ſain-doux,
vieux oingt, ou graiſſe de pourceau,
le ſuif & toutes autres graiſſes y forment un cambouis qui s'épaiſſit &
durcit par conſéquent les frottemens.
L'huile y convient encore moins ; on
ne doit l'emploïer que ſur le fer & le
cuivre, elle y convient mieux qu'aucunes autres graiſſes. L'uſage du ſavon
blanc eſt le meilleur de tous. Il ne faut
pas ſe contenter d'en graiſſer la vis,
les pignons, les mammelles & plumards ; on ne doit point manquer de
graiſſer généralement tout ce qui ſouf-
fre quelques frottemens, ſi legers
qu'ils ſoient.

Il fera attention de ne point percer
les poinçons neufs, qu'il deſtine pour
les vins de cuvée, que trois ou quatre
jours, au plus, avant le preſſurage. Ce
tems ſuffit pour faire exhaler le goût
du bois. Il évitera par cette précaution,

tion, que les poinçons renfermés dans son cellier ne prennent un goût de muitre que les murailles ou le marche-pié du cellier peuvent leur occasionner.

A la veille du preſſurage, il les fera bien rincer à l'eau claire; il peut réſerver une piece de vin commun qui ſoit bon, c'eſt-à-dire qui n'ait aucun mauvais goût, pour en jetter quelque peu dans chaque poinçon, & les rincer avec; après les avoir rincés avec l'eau; & après les en avoir vuidés, les tenir bien bouchés juſqu'à ce qu'on les empliſſe de vin nouveau. Ce poinçon de vin aïant ſervi au rinçage de tous les poinçons pendant le preſſurage, aura perdu beaucoup de ſa qualité, de ſa couleur & de ſa netteté; c'eſt pourquoi, au dernier preſſurage, on le fera paſſer ſur le marc, & on le mélangera avec le vin de boiſſon des domeſtiques.

Il y a des gens qui y mettent une

pinte d'eau-de-vie , cela n'y peut faire que du bien ; mais toutes les au- tres drogues que bien des gens y font entrer font inutiles , & quelques-unes très dangereuses.

Quoique la plus grande partie de ces drogues soit venue à ma connois- sance , je n'en parlerai pas , de crainte que quelques - uns de ceux qui les ignorent , ne les apprenant , n'en veuil- lent faire usage.

D'autres personnes encore , lavent ces poinçons à l'eau chaude , pour les éclire (a) plus promptement , & ap- percevoir plutôt les trous de pin- teau (b) qui piquent le bois , d'où s'en suit souvent la perte totale , ou du moins en partie , d'une piebe de vin. Je crois que l'eau chaude n'y con- vient pas ; elle fait bien cet effet , mais elle attire le goût de bois ; il vaut

(a) Éclire un poinçon ; terme de l'idiôme Rhe- mois , qui signifie *faire renfler le bois* , en resser- rer toutes les parties pour l'empêcher de fuir.

(b) *Pinteau ;* terme du même idiôme , qui sigui- fie *un petit vermisseau qui pique le bois.*

mieux au bout de deux ou trois jours
qu'on y aura jetté deux feaux d'eau
froide, & qu'on aura eu foin de re-
tourner le poinçon, placer à fon
embouchure un foufflet à tirer au
clair, & en agitant le poinçon, faire
jouer le foufflet; l'air étant compreffé
cherchera à fortir, & découvrira les
petits trous, s'il y en a. On verra à la
fuite de cet ouvrage, la forme de ce
foufflet.

Les feconds & derniers vins qui
fortent du preffoir, & qu'on nomme,
en Champagne, vins de taille & vins
de preffoir, ne demandent pas toujours un poinçon neuf; on peut y emploïer des vaiffeaux qui aient déja
fervi; mais il faut en ufer avec cette
précaution.

Celui qui voudra en faire ufage,
doit s'affurer de la bonne qualité du
vin qu'il a renfermé précédemment;
il doit prendre garde qu'il ait été bien
lavé, égoûté & bouché au moment

qu'on l'a vuidé ; & de crainte d'y
être encore furpris , il doit porter le
nez à l'embouchure , après avoir fouf-
flé de la bouche , dans ce vaiſſeau , le
plus fort qu'il lui aura été poſſible
pour mettre l'air en mouvement , il
s'appercevra pour lors s'il a pris un
mauvais goût. Pour le peu qu'il s'en
apperçoive , il doit non-feulement le
rebuter , mais encore le faire fondre à
l'inſtant en fa prefence , de crainte
que quelques-uns en fon abfence n'en
faſſent ufage.

J'ai dit , dans ce Chapitre , que les
Tonneliers , à la veille des vendanges , fe trouvant extrêmement preſſés
d'ouvrages , furtout dans les années
abondantes , manquent fouvent de
bons Ouvriers (cela arrive auſſi quelquefois dans le courant de l'année) ;
par conféquent on court rifque d'a-
voir des poinçons mal conditionnés.
On court un danger bien plus grand ,
malgré la police qu'on obferve en la

Ville de Rheims plus qu'en tous autres Vignobles, il échappe toujours
des mains du Tonnelier quelques
vaisseaux d'une moindre contenance
que celle ordonnée par la loi & la
coutume des lieux ; ce qui occasionne
à l'acquéreur de ces Vins, un tort
considérable, & dont il s'apperçoit rarement & difficilement.

Tout au contraire, il arrive aussi
très souvent, que dans les païs de
Vignobles, comme à Rheims, où les
Maîtres Jurés, accompagnés des Com-
missaires de Police, vont faire chez
tous les Tonneliers l'inspection & vi-
site des poinçons neufs, deux ou trois
fois l'année, les jaugent, mesurent, &
saisissent, avec amende contre les Con-
trevenans au réglement de leur Com-
munauté, les vaisseaux de moindre
contenance. Ces Tonneliers, dans la
crainte de la saisie de leurs marchan-
dises, leur donnent une contenance
de cinq ou six pintes, quelquefois

bien davantage de celle ordonnée par les mêmes réglemens, à quoi jamais la Police n'a obvié.

Cet excédent cause cependant un dommage considérable au Propriétaire d'un gros Vignoble. Il n'y en a donc aucun qui ne doive s'instruire de la mesure ou contenance ordonnée des Vaisseaux qu'il achete, & qui ne se doive mettre en état de les mesurer & jauger lui-même, en en faisant l'acquisition, pour éviter cet inconvénient.

CHAPITRE IV.

De la forme & qualité des vaisseaux destinés pour les Vins nouveaux.

IL ne suffit pas pour celui qui veut faire usage de poinçons, d'observer leur contenance, il doit encore examiner s'ils ont les qualités requises. Pour qu'un poinçon soit bien conditionné, il faut premierement que ses douves n'aient pas plus de trois ou quatre pouces de largeur. On en voit quelquefois de sept ou huit pouces. On doit rebuter des poinçons composés de si larges douves, pour plusieurs raisons. Premierement, ces douves sont sujettes à bacqueter, en serrant fortement les cerceaux, soit lors du transport de ces poinçons par le cahos des voitures, soit parceque le bois renfle nécessairement quand il est imbu du vin, surtout dans les caves fraîches & profondes. Secondement, un vaisseau, fait de larges douves, forme autant de pans qu'il a de douves, & ne peut par conséquent être rond. L'ouvrier qui le bâtit, doit s'assurer de là contenance qu'il lui doit donner en le mesurant en dedans, & directement au bouge du vaisseau, & frottant contre toutes les douves dans toute leur largeur le plus qu'il est possible.

Si ce vaisseau forme autant de pans

que de douves, comme on le voit
en la figure troifieme, planche 1, le
bâton tournant autour & figurant le
cercle, ne touchera que le centre de
chaque douve, & laiffera un vuide
entre chacune, qui augmentera infailliblement la contenance fixe du
vaiffeau. Ce vaiffeau doit avoir un
bouge fuffifant pour pouvoir ferrer
fortement les cerceaux. L'épaiffeur de
ces douves doit être proportionné à
la contenance du vaiffeau, un peu plus
forte fur les deux extrémités que vers
le centre, pour pouvoir y former le
garle qui renferme les pieces de fond,
pour réfifter à la chaffe des cerceaux,
& pour maintenir les chevilles qui
contiennent la barre. Les pieces de
fond ne doivent point non-plus avoir
plus de largeur que les douves : les
unes & les autres doivent être de bois
de chêne bien tendre, de fil droit
fans aucun nœud, & fans aubier ni
bois rouge. Les cerceaux les meilleurs

qu'on y puiffe emploïer , font ceux
de châtaignier , ou au moins de cof.
Ceux de châtaignier valent mieux
pour la cave. Quelques perfonnes ,
œconomes par imagination , ne font
mettre fur leurs poinçons, quand ils
les font defcendre en cave , que moitié, ou fouvent qu'un quart de châtaignier ; c'eft l'œconomie la plus mal
entendue : l'on veut épargner quatre
ou cinq fols par poinçon , & l'on rifque fouvent de perdre cent francs , &
même plus. Je dis donc qu'il eft plus
prudent de relier les poinçons qu'on
veut mettre en cave , de cerceaux de
châtaignier , depuis un bout jufqu'à
l'autre.

CHAPITRE V.

De la cueillette des Raifins.

DANS tous les Vignobles du Roïaume , l'ufage differe beaucoup , pour

B v

le tems & la façon de cueillir les raiſins, & l'on y fait différentes eſpeces de vin, tant pour la couleur que pour la qualité. L'eſpece de vin qu'un Propriétaire de Vig ne veut faire, doit fixer le tems qu'il a à choiſir pour la cueillette. L'on fait, en Champagne, de la même eſpece de raiſin, trois ſortes de vins, le gris, le paillé & le rouge.

Il eſt néceſſaire d'obſerver ici la différence qu'on doit faire du vin gris au vin blanc ; ce que la plûpart des gens, ſurtout l'étranger, ignorent & confondent : c'eſt que le vin gris ſe fait, ainſi que le paillé & le rouge, de la même eſpece de raiſin noir ſeulement, & que le vin blanc ne ſe fait que de raiſin blanc.

J'entens par vin gris, les vins que l'Etranger nomme communément vins blancs de Champagne, mouſſeux & non mouſſeux, qui doivent être auſſi blancs & auſſi clairs que l'eau de roche la plus épurée.

Quoique le raifin blanc foit en
Champagne d'une qualité fupérieure
à bien des Vignobles, on n'y fait aucun cas du vin extrait de ce raifin; &
pour peu qu'un Propriétaire de Vigne
conferve dans les fiennes des feps de
cette nature, & qu'il foit connu pour
cela, il court grand danger de ne pas
vendre fes vins, du moins, qu'à un
prix très médiocre. Ces Vignes, à la
vérité, rapportent beaucoup; mais
tout Propriétaire de Vignes, curieux
de faire de bons vins, & incapable de
tromper un acquéreur, a foin de dé-
truire tous feps de cette nature qui fe
trouvent dans fes Vignes. Il feroit à
fouhaiter que les Habitans & Forains
propriétaires de Vignes, dans quelques Vignobles de la riviere de Marne, comme Avife, Auger, le Menil,
Cramant & quelques autres, & Beau-
mont-fur-Vefle, Vignoble de la montagne de Rheims, cédaffent à leur cu-
pidité, détruififfent ces efpeces de

seps, & euffent la même délicateffe que les Forains & autres Habitans de la Marne, & furtout de la Montagne de Rheims, de ne pas vendre à l'Etranger, de ces vins provenans de raifins blancs, pour des vins exprimés de raifins noirs, cela contribueroit beaucoup à rétablir la réputation des Vins de Champagne dans Paris & chez l'Etranger; réputation prefque entierement détruite par ces fortes de gens & quelques Marchands de Vin, qui en connoiffant l'efpece & la nature, ne les achetent que pour avoir des vins grands, mouffeux, qu'ils ont à très bas prix, & qu'ils vendent très cher, fous le prétexte frivole de l'avantage de cette mouffe.

La cueillette pour le vin gris, ne doit pas être prématurée, on évite par ce moïen de faire des vins auffi verds qu'en font une partie des Vignerons de ces Vignobles de la riviere de Marne, dont j'ai parlé ci-devant; mais

elle ne doit pas être différée auffi long-
tems que fi l'on vouloit faire du vin
rouge ou paillé. On doit vendanger,
quand le grain commence à s'atten-
drir. Il faut, avant de commencer,
vifiter chacune de fes Vignes, tou-
cher le raifin, le goûter pour bien juger du degré de fa maturité, en faire
note fur fa tablette ; & pour mieux
faire encore, choifir dans chaque piece de Vigne, un raifin qu'on étiquet-
tera pour le porter à la maifon, & enfuite faire à jeun la déguftation de
chaque raifin, pour faire le choix des
pieces de Vignes, où l'on cueillera en
particulier les raifins qu'on deftine
pour compofer fa cuvée.

Si vous preffez entre vos doigts le
raifin, & que, le grain étant ouvert,
le pepin en forte dépouillé de fa chair,
que le jus qui en coule colle les doigts;
fi vous voïez la queue de la grappe,
ou plutôt celle du raifin, prendre une
couleur rouge, c'eft une preuve fuffi-

fante de fa maturité pour les vins rouges, & trop parfaite pour les vins gris :
mais s'il refte encore de la chair au
pepin, c'eft une marque certaine qu'il
faut différer la cueillette pour faire un
vin rouge.

Il faut remarquer que les vins qu'on
fait avant la parfaite maturité des raifins, font ordinairement âcres, tardifs
& difficiles à boire, qu'ils s'affoiblif-
fent facilement, & qu'à raifon de ce
peu de force & de maturité, ils ne
font pas de garde ; de même que ceux
qu'on a recueillis trop murs, le raifin
commençant à fe rider & fe deffécher, ont perdu leur force, n'ont
point affez de montant, font plus faciles à fe corrompre, & font plus fuf-
ceptibles des dommages que peuvent
leur caufer la chaleur ou la gelée. Des
raifins trop mûrs rendent le vin plus
doux ; mais en fe façonnant, il acquiert moins de force & dure bien
moins de tems.

Quelques Auteurs prétendent que la Lune, en tems doux & pluvieux, opere feule la maturité des raifins, & qu'il n'y a que la nuit qui leur procure cette liqueur douce & agréable.

Quant à l'effet de la Lune pour la maturité des raifins, je me tais fur cet article : quant à celui de la nuit, je dis qu'il n'y a perfonne qui ne doive en être convaincu, même par l'expérience.

Dans les Provinces du Languedoc & de Provence, les raifins ont les grains trop gros. Il y en a trop de blanc ; on les y laiffe meurir plus qu'on ne devroit, ce qui leur donne trop de liqueur ; ce font plutôt des firops que des vins, furtout en Provence ; on y laiffe trop vieillir les fouches, on devroit les renouveller plus fouvent : elles font plantées la plûpart dans de trop bons fonds, ou trop humides, & n'ont pas un affez bon afpect du Soleil.

Crefcentius recommande de vendanger pendant que la Lune traverfe
l'Ecreviffe, le Lion, le Scorpion &
le Verfeau ; il prétend que la Lune,
dans fon déclin, peut occafionner la
pourriture du raifin, comme il paroît,
qu'elle le fait de la viande expofée
à fa lumiere. Le Lecteur en croira ce
qu'il voudra, & s'y conformera s'il le
juge à propos : je me garde bien d'é-
tablir ceci comme un principe certain.
Il nous affure auffi que les raifins
cueillis en croiffance de Lune, font
un vin moins durable que ceux cueillis en décours.

Si avant les vendanges, l'on s'apperçoit par la preffion du grain de raifin, que le vin qui en découle foit
gras & plein d'eau, il convient de
dépouiller les côtés du fep de fes
feuilles, le vin perdra fon eau, en
acquerra plus de vigueur, & durera
davantage.

Si on differe la cueillette jufqu'à la

troisieme heure du jour, c'est-à-dire
environ deux ou trois heures après la
levée du Soleil, que la rosée est entierement éteinte, & l'air serein &
chaud, le vin aura plus de force, il
se conservera plus long-tems. On ne
doit observer ceci que pour les vins
rouges & paillés, & non pas pour les
vins gris, pour lesquels les raisins demandent à être cueillis pendant la rosée. Pour ces derniers vins, il faut,
autant qu'il est possible, choisir des
jours de brouillard ou de rosée pour
la cueillette des raisins, & dans les
années chaudes, après une petite
pluie quand on est assez heureux pour
l'avoir.

Dans les Vignobles de la montagne de Rheims, on ne peut pas, pour
faire des vins gris, cueillir après dix
ou onze heures, parceque le jus du
raisin y a plus de disposition à rougir
qu'à conserver sa blancheur; on prévient donc la grande chaleur du jour.

On emploie le reste de la journée à
faire cueillir des raisins pour le vin
rouge. A la rivière de Marne on peut
cueillir jusqu'au soir , pourvu qu'on
ait soin de garantir absolument les
raisins , quand ils sont cueillis, des
raïons du Soleil. La nature de ces raisins est de donner du vin gris plutôt
que du rouge ; & pour y faire du vin
rouge , on est forcé d'y faire cuver
les raisins plus long tems que dans les
Vignobles de la montagne de Rheims.

Comme les raisins ne sont murs que
vers la fin de Septembre , quelquefois au commencement d'Octobre , &
que trop souvent plûtard , on ne manque gueres de rosées dans le tems des
vendanges ; cette rosée répand au-de-
hors des grains des raisins, une fleur
qu'on appelle *Asure* , & au-dedans une
fraîcheur qui fait que ces raisins ne s'é-
chauffent pas facilement , & que le
vin ne prend pas de couleur.

C'est un bonheur quand on peut

rencontrer un jour de brouillard dans
les années féches, ce qui arrive quelquefois : non-feulement le vin en eft
plus délicat ; mais la quantité en eft
bien plus grande. L'Auteur de la Maifon ruftique dit, qu'un Particulier qui
n'a fait que douze pièces de vin en
vendangeant un matin, lorfqu'il y a
du Soleil fans rofée ou brouillard, en
auroit eu feize ou dix-fept fi le matin
il eut fait un brouillard, & quatorze
ou quinze, fi, fans brouillard il y eut
eu une bonne rofée. Il dit pour raifon
de cela que la rofée, & furtout le
brouillard, attendriffent beaucoup le
raifin, enforte que tout tourne en vin;
vin qui n'étant point échauffé, en demeure plus blanc, au lieu que quand
le Soleil a échauffé la fubftance du
raifin, elle devient plus rouge par la
fermentation des parties. En effet, la
quantité diminue ou par la tranfpira-
tion, ou parceque la peau étant plus
épaiffe & plus endurcie par le Soleil,

elle s'exprime plus difficilement. Cette
expérience eſt d'autant plus intéreſ-
ſante qu'elle eſt plus certaine ; mais il
s'en faut beaucoup que la roſée ni le
brouillard procure une ſi forte augmentation ; ce ſeroit beaucoup que ſur
douze pieces , la roſée en produiſe
une piece de Champagne , ou un muid
de Paris , & le brouillard le double.

Si cela étoit ainſi que le dit cet Auteur, le Vigneron qui penſe & agit
plus naturellement que phyſiquemént,
& qui tend toujours à la quantité , ne
manqueroit pas de ſuivre cet avis.

Dans les années ſéches , ſans brouillard & roſée , il eſt intereſſant de
choiſir les jours favorables , ſoit pour
les vins gris , ſoit pour les rouges , &
le tems preſſe de vendanger. Mais dans
les lieux où il y a bannalité , & où le
ban fixe le tems de la cueillette , on
eſt obligé de prendre les jours comme
ils ſe trouvent.

La place étant retenue au preſſoir ,

le jour & l'heure font fixés, on ne peut
par conféquent avancer ni retarder la
cueillette, & le ban fixe un tems, lequel fi vous le laiffez paffer pour donner à votre raifin le tems de bien meurir, fe trouve expofé au pillage : delà vient que les vins de certains Bourgeois, & furtout des Vignerons, manquent de qualité ; joint à cela que la
longue expédition des preffoirs ordinaires embarraffe & retarde beaucoup.

Les preffoirs à coffre, de la nouvelle
invention, & dont je donnerai le détail & la figure à la fuite de cet Ouvrage, font favorables dans ce cas.

Dans certains Vignobles, les Offi-
ciers de Juftice du lieu, foit Roïale,
ou de Haute-Juftice, ont le droit d'in-
diquer le ban des vendanges, chacun
dans fon reffort, comme droit de police ; & le ban qu'ils fixent, fur le
rapport des Meffiers Gardes Vignes &
des anciens du lieu ; eu égard à l'état

de chaque Vignoble, oblige tous ceux du reſſort, ſous peine d'amende & de confiſcation de leur dépouille, du moins par proviſion, à s'y conformer. Le Curé doit en être averti trois jours avant, & il n'eſt pas permis de vendanger de nuit. Cette défenſe a lieu généralement dans tous les Vignobles du Roïaume, ſous peine de punition corporelle : du moins je le crois ainſi, & cela devroit être.

Nous venons de démontrer les inconvéniens qui réſultent du ban de vendange dans la plûpart des Vignobles, & même de la bannalité des preſſoirs. Nous avons dit que ſi on laiſſe paſſer le tems du ban pour procurer au raiſin plus de maturité, il ſe trouve expoſé au pillage. Je connois un autre inconvénient bien plus conſidérable dans pluſieurs Vignobles, où par un abus qui mériteroit d'être réprimé les Gardes-Vignes ou Meſſiers ceſſent leurs fonctions dès le moment de la publication du ban.

On ne connoît point de ban en Champagne, du moins dans la montagne de Rheims & dans tous les Vignobles de la riviere de Marne. Les Gardes-Vignes font obligés d'y continuer leurs fonctions jufqu'à la cuillette du dernier raifin, un feul particulier peut les contraindre, à la rigueur, de garder fa Vigne, quand même il différeroit de cueillir quelques jours plûtard que les autres ; & ils demeurent refponfables du dégât qui peut s'y trouver, fût-il d'une très petite conféquence. On y eft très fevere, on pourroit même dire trop fur ce point ; car fi un Garde-Vigne rencontre un Voïageur, ou autre, qui cueille un ou deux raifins, il eft tenu de l'arrêter, & de procéder contre lui. Cette loi humaine contredit bien à celle de Dieu, qui nous dit, dans le Deutéronome, ch. XXIII. v. 24, *Ingreſſus vineam promixi tui, comede uvas quantum tibi placüerit, foras autem*

ne efferas tecum. » Entre dans la Vi-
» gne de ton voiſin , manges-y autant
» de raiſin que tu pourras , mais n'en
» emporte pas ailleurs «. Il nous recommande de même, *idem ch. XXIV.*
y. 21 , » de ne nous pas attacher par
» avarice à cueillir juſqu'au moindre
» raiſin , mais de le laiſſer , de l'a-
» bandonner au beſoin des pauvres «.
Si vindemiaris vineam tuam , non col-
liges remanentes racemos , ſed cedant
in uſus advenæ, pupilli & viduæ.

On ne doit pas cueillir indiſtincte-
ment tous les raiſins, ni à toutes les
heures du jour ; mais on doit choiſir
les plus murs , les plus clairs , & les
mieux azurés. Les meilleurs ſont ceux
dont les grains ne ſont pas ſerrés , &
qui ſont même un peu écartés , parcequ'ils meuriſſent plus parfaitement ;
ceux-là font le vin le plus exquis :
ceux qui ſont ſerrés , ne font pas le
vin ſi bon , ne meuriſſant jamais bien.
Je ne peux pas bien m'accorder
avec

avec M. de la Quintinie, qui dit, dans
fon Traité du Jardinage, *tom. I. pag.*
583, que » dans les Vignes plantées
» en pleine campagne, on y fouhaite
» l'abondance, foit par le nombre
» des grappes, foit par la quantité
» des grains à chacune «.

J'en conviens pour le nombre des
grappes, pourvu que ce ne foit pas
la force de l'amandement qui la procure, mais la bonne culture faite en
faifon convenable.

Je dis que l'on y fouhaite la grappe
extrêmement claire, pourvu que le
grain foit gros & meuriffe facilement;
qu'il n'y a perfonne qui s'applique à
faire de bons vin, qui fouhaite l'a-
bondance par la quantité des grains &
la groffeur de la grappe; qu'il n'y a que
le Vigneron qui néglige l'avantage de
la bonne qualité pour avoir la quantité.

On convient que le vin, qu'on appelle *Vin de Riviere*, eft ordinaire-

ment plus blanc que celui de Montagne. Jufqu'à préfent on n'en a pas dit la raifon. Je penfe que les Vignes qui font fituées près de la riviere, jouiffent furtout la nuit d'un air de fraîcheur que la riviere exhale, au lieu que les Vignes de la Montagne ne refpirent même durant la nuit, qu'un grand feu qui provient des exhalaifons de la terre ; & c'eft ce qui fait le plus ou le moins de couleur. Auffi quand les années font bien chaudes , il eft difficile à la riviete, & impoffible à la montagne , de fe garantir d'une couleur teinte ; & quand les années font froides , on ne craint pas à la montagne , & moins encore à la riviere , que les vins tachent; c'eft ce qui fait même que les vins de Riviere font plus gracieux, plus entrans , ou plus prêts à boire que les autres , qui fontplus fermes, plus fumeux, & qu'il faut attendre davantage. Ces derniers , plus tardifs, fe foutiennent auffi plus que les

premiers: ces vins, crus dans les bonnes années, fe confervent également
bien pendant huit & dix ans. Les vins
de 1719, qui ont été les meilleurs
qu'on ait jamais recueillis, fe font con-
fervés plus de vingt ans dans les flaccons, en bonne qualité.

La maniere de faire le vin rouge
& le paillé, eft bien différente; on ne
fauroit trop tarder à faire la cueillette
des raifins deftinés pour ces fortes
de vins; on peut, fans témérité, reprocher aux Vignerons, & principalement aux Propriétaires des Vignes
de la montagne de Rheims, de la trop
précipiter. Autrefois on n'y commençoit la vendange que quinze jours, au
moins, plûtard qu'à la riviere de Marne, & aujourd'hui elle commence &
finit dans le même-rems. La crainte de
perdre une piece de vin, fur peut-être
trente, engage prefque chacun à préférer la poffeflion d'un fi petit objet,
à la qualité fupérieure qu'il pourroit

donner à fa cuvée. En preſſant trop la
cueillette , on fe trouve dans le cas de
faire dix pieces de vin de détour qu'on
vend à vil prix , contre deux ou trois
au plus qu'on pourroit en faire , fi
l'on différoit davantage : il y entreroit
donc dans la cuvée les deux tiers de
ces dix pieces , ce qui en augmente-
roit beaucoup le produit, & donneroit au vin beaucoup de qualité.

On a toujours remarqué en Champagne , que Saint Remi faiſoit tôt ou
tard ſon été ; que fi au commencement
d'Octobre on n'avoit point un tems
beau & chaud ; on l'avoit vers le milieu du mois. C'eſt un événement
qu'on a toujours éprouvé , & qui doit
régler pour cueillir à propos.

Pour parvenir à faire un vin bien
rouge , il faut , autant qu'il eſt poſſible
cueillir le raiſin fous le Soleil le plus ar-
dent : l'action du Soleil fur le dehors du
grain, joint au mouvement de la voiture qui tranſporte la vendange, produit

plus d'effets que plufieurs jours de cuves. Si on ne commençoit à cueillir les
raifins deftinés pour le vin de cuvée
qu'à la troifieme heure du jour, c'eſt-à-
dire, que fur les neuf heures du matin,
on n'en feroit que mieux, pour la raifon
que j'ai déduite ci-devant, on pourroit
emploïer les Vendangeurs à cueillir les
raifins , deftinée pour le détour.

Un Propriétaire qui a fes Vignes di-
vifées en plufieurs piéces, & répandues
dans différens cantons d'un terroir,
pourroit & feroit bien de vendanger
le matin jufqu'à onze heures , celles
expofées au Levant & au Nord ; depuis
onze heures jufqu'à trois , celles expofées au Midi ; & depuis trois jufqu'à la fin du jour , celles expofées au
Couchant.

» A Befançon , on vendange fur la
» fin de Septembre. A Arbois & Châ-
» teau-Châlon , on laiffe le raifin
» blanc à cueillir jufqu'au mois de
» Décembre ; cela donne un vin

Mémoire
de Befançon.

C iij

» blanc excellent. Ce vin de raifin a
» beaucoup de réputation «. C'eft le
feul de cette efpece qu'on puiffe efti-
mer bon. » Le vin d'Arbois eft eftimé
» partout.

» Dans le Païs Laonnois, on com-
» mence les vendanges au moins
» quinze jours avant qu'on ouvre
» celles de Champagne. Ils ont dans
» leurs Vignes du raifin noir & du
» raifin blanc. Du dernier, il s'en
» trouve de deux efpeces; le blanc
» rommeré & le verd blanc. Les Bour-
» geois coupent les meilleurs raifins
» noirs qu'ils mêlent avec leurs blancs
» rommerés ; le mélange de raifin
» noir avec le blanc, câufe un très
» mauvais effet dans leur vin de
» cuvée «.

J'ai ci-devant fait voir combien ce
mélange étoit dangereux & contraire
à la bonne qualité du vin, & pour la
couleur ; je ne le répéterai pas davantage.

Il eſt certain que de tous les Vignobles du Païs Laonnois, Cuiſſy eſt celui
où on travaille mieux le vin, ſurtout
MM. les Religieux de l'Abbaïe de ce
nom.

» Pour le vin de cuvée, ils pren-
» nent à Cuiſſy les raiſins noirs les
» moins ſerrés, les plus clairs & les
» plus fins, ils laiſſent les gros, ceux
» du haut & du bas de la montagne
» pour les vins de boiſſons qu'ils font
» auſſi-tôt après les vins de cuvée ; &
» trois ſemaines après les deux pre-
» mieres vendanges, ils coupent les
» blancs romerais pour en faire un
» un vin particulier, & enfin ils cou-
» pent les verds blancs, les verts & les
» pourris pour les vins de détour.

» Dans tout le Vignoble Laon-
» nois, il n'y a que Cuiſſy qui ſoit
» dans l'uſage de faire trois vins diffé-
» rens «.

On ne peut rien reprocher à ces
Religieux, que de ſuivre la méthode

du Vignoble Laonnois , qui eſt de
commencer trop tôt leurs vendanges.
Il feroit à ſouhaiter que chacun voulût
ſuivre leur méthode particuliere , tant
pour la culture de la Vigne , que pour
la façon du vin ; celle de mettre à part
pour leur vin de boiſſon les raiſins provenans des deux extrémités haut, &
bas de leurs Vignes ſituées ſur les côteaux des montagnes' eſt très louable ;
& je vois à regret que perſonne ne la
ſuit partout ailleurs.

Dans tous les Vignobles des environs de Paris , on commence les vendanges au moins trois ſemaines , &
même un mois trop tôt , auſſi y fait-on
de très mauvais vins, la pourriture à
laquelle leurs raiſins ſont tous ſujets,
en eſt également la cauſe ; mais la
cauſe de cette pourriture ne provient
que de ce que leurs Vignes ſont plantées la plûpart dans un terrein trop
bas , dans un terrein qu'on prendroit
plutôt pour un pré que pour une Vi-

gne, dans un terrein où le rofeau &
l'ofier croîtroit plus facilement que la
Vigne ; de ce qu'ils l'amandent trop,
& de mauvais fumier comme celui
des boues de Paris, qui y donnent un
goût fort mauvais & puant ; de ce
qu'ils plantent des feps de trop groffe
nature ; de ce qu'ils leur laiffent porter de trop vieux bois , & ne les provi-
gnent pas affez fouvent ; de ce qu'ils
les laiffent trop porter , & de ce qu'ils
n'ont pas foin de relever les raifins qui
traînent fur terre. Ils cueillent en même tems , & fans diftinction , tous les
raifins murs ou verds , noirs & blancs ,
des derniers defquels ils ont au moins
les deux tiers qu'ils confervent pour
l'abondance de la récolte , & dont ils
compofent tous leurs vins.

Il y a cependant aux environs de
Paris des Vignobles diftingués & des
côteaux , où s'ils vouloient fe donner
la peine de trier les bons raifins d'avec
les mauvais, les noirs d'avec les blancs,

C v

& s'ils s'appliquoient à bien façonner
le vin , ils en feroient de très bons &
qui approcheroient de très près les
vins de Bourgogne & de Champagne.

» On ne recueille en Anjou , hor-
» mis en quelques terroirs au tour de
» la Fleche , que du raisin blanc qu'on
» appelle *Pineau :* on n'y souffre gue-
» res d'autres especes de raisins. Le
» vin qu'on en tire se recueille ordi-
» nairement dans le mois d'Octobre ,
» rarement en Septembre , quelque-
» fois quand l'année est tardive au
» commencement de Novembre. On
» ne vendange les côteaux autour de
» Saumur , que quand la gelée a passé
» sur le raisin , & le vin y est excellent
» & faisoient autrefois la boisson des
» Rois d'Angleterre.

Il n'appartient qu'aux Propriétaires
& Habitans de ces Vignobles , de donner à ces Vins la qualité d'excellent ,
& il falloit assurément qu'il n'y eut
point d'autres Vignes en France , pour

que les Rois d'Angleterre en fissent
leur boisson. Je ne connois point de
Vignobles dans le Roïaume où l'on
travaille la Vigne, & où l'on façonne
le vin aussi mal qu'en Anjou.

   » Il n'est pas douteux que parmi
» les différens Cépages, il n'y en ait
» dans le même terrein qui meurissent
» les uns plutôt que les autres ; ce qui
» est un grand inconvénient, par la
» nécessité dans nos Graves & dans
» nos Palus, de vendanger le raisin
» dans un tems très court. Dans nos
» Queiries, on y remédie en grande
» partie par la propriété des terres. Le
» verdot est un excellent raisin pour
» faire de bon vin, par son goût & par
» sa couleur, mais il meurit plû-tard
» que les autres ; par cette raison on
» le plante dans un terrein le plus
» éloigné de la riviere, lequel étant
» plus sec, contribue à hâter sa ma-
» turité, & l'on plante dans le terrein
» près de la riviere & le plus humide,

Mémoire de Bourdeaux.

C vj

» les autres Cépages plus hâtifs de
» leur nature , parceque l'humidité
» du terrein rend la maturité plus
». tardive. Par cet expédient tout se
» trouve prêt à être vendangé à la
» fois «.

Cette maxime est très bonne &
mérite qu'on la suive dans quelque
Vignoble que ce soit. Il n'y a de vendanges heureuses que celles qui sont
hâtives ; ce qui n'arrive que lorsque
la saison s'est bien comportée pendant
toute l'année, que la Vigne n'a point
perdu de tems à pousser au Printems,
& qu'elle n'a souffert dans l'intervalle aucune altération de la gelée,
ni de la grêle, ni des vents impé-
tueux, ni d'une pluie longue & abon-
dante, ni d'une trop grande sécheresse.

CHAPITRE VI.

Du choix des Vendangeurs.

Quand un Propriétaire de Vignes fait son choix de Vendangeurs,
il doit le faire tomber le plus qu'il lui
est possible sur des Vignerons de pro-
fession , parceque non - seulement ils
font plus capables de bien trier les
raisins , mais même, que façonnés à
supporter toute l'année un travail aussi
pénible que celui de la culture de la
Vigne , surtout en Champagne & dans
tous les Vignobles où le Vigneron se
sert de la houe préférablement à la
beche qui n'oblige pas à se courber
de même , ils soutiennent avec plus
de vigueur qu'aucuns autres celui de
la vendange , qui n'est pas moins fatiguant. J'ai déja dit à l'article des Vignerons, (*Tome I , Préface.*) que le
Propriétaire de Vigne devoit faire le

choix d'un Vigneron de petite taille,
préférablement à un grand homme: j'en
ai dit les raisons, j'y renvoie le Lecteur;
il les appliquera à l'objet du choix des
Vendangeurs ; c'eſt le même cas : il ne
faut pas que quelques ſols de paye plus
qu'il ne donneroit à différens manouvriers, les lui faſſent rebuter : une piſ-
tole de plus ſur la dépenſe du jour,
lui en vaudra plus de dix, dont les
manouvriers lui feront tort, quoiqu'innocemment, par le nombre d'é-
chalats que ces ſortes de gens briſent;
par celui des ſeps qu'ils briſent &
éclatent ſous leurs pieds ; par la perte
des raiſins les mieux choiſis dont ils
ſe nourriſſent dans les Païs où l'on ne
leur donne que le pain aux heures
du repas, & ſouvent de ceux qu'ils
emportent à la fin du jour à l'inſçu du
Maître. Je conclus donc qu'un Propriétaire de Vignes œconome, ne doit
prendre, autant que faire ſe peut pour
la cueillette de ſes raiſins, que des

Vignerons , & qu'il ne doit pas se
servir de grands hommes, ni de manouvriers , & encore moins de fem-
me, dont la langue & le nourriſſon lui
cauſe un grand dommage. Il doit
auſſi obliger chaque Vendangeur à
couper exactement de ſa ſerpette
ou de ſes ciſeaux les liens qui réu-
niſſent enſemble tous les brins du
ſep , avant de couper les raiſins qui y
pendent : il évitera par cette précaution la caſſe d'un grand nombre d'é-
chalats. Le Vendangeur n'échappera
aucun raiſin , & opérera plus vîte ; il
égrainera moins le raiſin.

CHAPITRE VII.

Des Outils pour la cueillette des raiſins.

L'USAGE ordinaire eſt de ſe ſervir
de ſerpettes pour cueillir le raiſin ;
cependant des perſonnes attentives à
leurs intérêts , donnent à chacun de

leurs Vendangeurs une paire de cifeaux. Cet ufage devroit être obfervé
généralement partout , par préférence
à celui de la ferpette , parceque la ferpette , en coupant la queue de la grappe , ébranle violemment le raifin
qu'on tient à la main , & encore davantage les autres raifins attachés au
même fep ; ce qui fait tomber les
grains les plus mûrs & les meilleurs ,
& caufe une perte plus confidérable
qu'on ne fe l'imagine.

On doit auffi préférer les cifeaux à
la ferpette , parcequ'ils coupent plus
aifément la queue du raifin près du
fruit ; ce qu'il eft d'une extrême conféquence d'obferver , parceque cette
queue eft amere , & qu'à proportion
de fa longueur , elle communique plus
ou moins au vin , un goût de grappe
& de bois.

Ce que je viens de dire dans ces
deux derniers Chapitres , eft auffi intéreffant pour la façon des vins rou-

ges, que pour celle des gris, blancs & paillés.

CHAPITRE VIII.

Du choix des Raisins pour les Vins gris, & pour les Vins rouges & paillés.

POUR les Vins gris, la cueillette des raisins se doit faire en trois fois : on ne doit cueillir que les grains les moins serrés ; les plus fins & les plus murs, on laisse les plus gros qui ont plus de peine à meurir pour les vin s de boisson , & les verts & pourris pour les vins de détour qu'on destine pour la boisson des ouvriers & des domestiques.

Bien des gens font éplucher les raisins , quand ils y trouvent de la pourriture. Cet usage est abusif, quand même il n'y auroit que deux ou trois grains de pourris : il convient mieux, pour quelques especes de vin que ce

foit, de les mettre au détour, parcequ'il eft certain que tout le raifins'en
fent, & que cela diminue la qualité
du vin, fi l'on fait entrer dans la cuvée
le jus de ce refte de raifin.

On ne doit emploïer pour les vins
gris, que les raifins noirs ; & dans ces
efpeces de raifins, il y a encore un
choix à faire tant pour les vins gris
que pour les paillés. Les meilleurs
font le morillon taconné, & le morillon noir, qu'on appelle en Bourgogne
Pineau, & à Orléans *Auvergnats*, & le
morillon dit *Pineau-Aigret*.

Quoique je vienne de dire qu'on
ne doit emploïer, pour les vins
gris, que des raifins noirs, je crois
devoir excepter de la regle le fro-
menteau, qui eft un raifin dont la
peau a la couleur d'un gris rougeâtre;
tirant plus fur le blanc que fur le rouge, & très propre à compofer les vins
gris, pourvu qu'on le mêle avec beaucoup de raifin noir. C'eft de cette ef-

pece de raifin, mêlangé comme je viens de le dire, que les fameux &. excellens vins de Sillery & Verfenay tirent en partie leur mérite. Pour apprendre à diftinguer ces efpeces de raifins à ne s'y pas tromper, je renvoie le Lecteur au chapitre XXV de mon premier Tome.

On doit fuivre la méthode prefcrite jufques-là, pour les vins rouges & paillés.

On doit porter les raifins dans les paniers des Vendangeufes jufqu'au barillet, qu'on placera au bout de la Vigne ou dans la fente, fuivant la commodité des lieux. Il ne faut pas fe fervir de hotte de bois, qu'on nomme en Champagne *Danderlin*, encore moins de toutes autres, comme on fait pour le vin rouge, de crainte qu'en les tranfportant trop fouvent, on ne foule les raifins, & que la rofée qui s'y trouve attachée ne fe perde, car elle contribue beaucoup à la blancheur du vin.

CHAPITRE IX.

Du transport des Vendanges.

Sɪ les Mulets étoient aussi communs en Champagne, qu'ils le sont en Dauphiné, & autres Païs de hautes Montagnes, on en tireroit un notable avantage dans le tems des vendanges. Chacun sait que ces Animaux portent leurs fardeaux sans les ébranler, ni les fatiguer, ce qui les fait préférer aux chevaux pour le transport des litieres. On doit aussi sentir de quelle conséquence il est de s'en servir pour le transport des raisins qu'on destine à faire du vin gris, & qui doivent être conduits doucement & sans secousse de la Vigne au pressoir ; mais au défaut de mulet, on doit préférer l'âne, cet animal étant plus paisible & moins fatiguant. Quoique beaucoup plus foible que le cheval, il porte sur son dos les deux tiers du poids que le cheval doit porter.

Cependant, à la riviere de Marne, on paie la journée du cheval au moins les deux tiers plus cher que celle de l'âne, ce qui rend en ce païs-là la dépenfe des vendanges exceffive.

L'Auteur inconnu d'un petit Traité, imprimé à Rheims, en 1717, chez Multeau, intitulé : *Maniere de cultiver la Vigne, & faire le Vin en Champagne*, établit pour regle que » quand » les raifins font coupés , plutôt ils » font preffurés, plus le vin eft blanc » & délicat ; parceque plus la liqueur » demeure dans le marc, plus elle » rougit ; qu'ainfi il hâte extrême- » ment de hâter la cueillette des rai- » fins & le preffurage «. J'en con- viens avec lui. Il conclut de-là que » quand les preffoirs font auprès des » Vignes , il eft plus aifé d'empêcher » que le vin ait de la couleur, par- » cequ'on y porte doucement & pro-

» prennent les raifins en peu de tems;
» mais que quand ils font éloignés de
» deux ou trois lieues, comme on eft
» obligé de mettre alors la vendange
» dans les tonneaux que l'on fait ren-
» foncer auprès de la Vigne, & que
» l'on fait partir inceffamment fur
» des charettes, pour le pouvoir pref-
» furer au plutôt, on ne peut gueres
» éviter que le vin ne foit coloré,
» excepté dans les années froides &
» humides «.

Aidé de ma propre expérience dans le même cas, & d'un nombre d'an-nées, je réponds & affure du con-traire. Le raifin arrangé à la main dans le tonneau, & ferré avec une pillette de la moitié de la largeur du tonneau, de deux pouces d'épaiffeur, fans être aucunement écrafé, & le ton-neau renfoncé; ainfi conduit, à me-fure qu'on le cueille, au preffoir, & déchargé à l'inftant qu'il arrive, ne fe froiffe & ne s'échauffe point : au

4. pl. 1.

contraire, fe trouvant à l'abri de l'ardeur du Soleil & de la pénétration de
l'air, il garde très bien la fraîcheur
que la rofée du matin lui a donné &
produit un vin très blanc ; cette façon
de conduire les raifins eft préférable à
celle de les voiturer fur le dos des
chevaux, ou autres bêtes de charge,
ne pouvant éviter de cette derniere
façon des fecouffes confidérables,
faute d'être contenus, les raifins fe
froiffent les uns contre les autres & fe
crevent, le vin s'en trouve coloré ;
ce que l'on attribue le plus fouvent,
& mal-à-propos, à l'effet de l'air.

On en tire encore un avantage confidérable : un cheval ne porte fur fon
dos que la quatrieme partie de la contenance d'un tonneau, au lieu que fur
une voiture attelée de deux chevaux,
on en conduit aifément quatre tonneaux; c'eft-à-dire qu'un homme &
deux chevaux font, en un feul voïage, ce que dix hommes & dix che-

vaux font chacun également en un feul voïage.

L'ufage des paniers d'ofier pour le tranfport des raifins fur le dos des chevaux ou des ânes eft auffi très dangereux, en ce que la marche de ces animaux, furtout des chevaux, caufant des fecouffes, les petits brins d'ofier coupés en bec de plume en dedans, piquent les raifins, en font couler le jus, meurtriffent l'enveloppe & occafionnent la tache du vin. Les barillets de bois font préférables ; mais ils devroient être fermés d'un couvercle de bois qui s'emboîte & foit leger. Il eft vrai qu'on tend fur les paniers ou barillets des toiles mouillées, pour garantir les raifins de l'ardeur du Soleil. Je conviens que le Soleil frappant fur une toile mouillée, procure au raifin le même effet qu'à une bouteille de vin qu'on couvre d'un pareil linge mouillé & qu'on expofe au Soleil pour la rafraîchir ;

mais

mais pour peu que l'animal ait de chemin à faire, le linge eſt bientôt féché, & le raiſin s'échauffe ; au lieu que le couvercle de bois le garantiroit davantage de l'ardeur du Soleil. J'ai dit que la marche des chevaux cauſoit des fecouſſes violentes qui meurtriſſoient les raiſins : il feroit encore facile de l'éviter, en fuſpendant aux deux côtés du bât du cheval les deux barillets, comme les deux feaux d'un porteur d'eau, de façon qu'ils ne touchent pas les deux côtés du cheval ; on éviteroit par ce moïen les fecouſſes cauſées par le mouvement de ſes épaules *.

* Voï
Fig. 5. p

A l'égard des vendanges qu'on deſtine à faire des vins rouges ou des vins paillés, on les tranſporte du Vignoble à la Ville dans de femblables tonneaux ; on conduit ces vaiſſeaux au pié de la Vigne, on y renferme la vendange, on y égrappe les raiſins à meſure qu'on les y verſe avec

un inftrument de bois à trois four-
* Fig. 6.
l. 1. ches *. Enfuite on les y foule jufqu'à
les réduire prefque en vin ; on fe fert
* Fig. 11.
l. 1. à cet effet d'une pillette de bois *,
après quoi on renfonce le tonneau :
on peut le faire de la façon que je l'ai
indiqué au chapitre quatrieme p. 32.
Ces tonneaux peuvent produire, de la
vendange qu'on y renferme, une demie queue & un demi quarteau de
vin ; ce qui peut faire environ deux
cens quatre-vingt pintes, mefure de
Paris. On mene ces tonneaux, de la
Vigne au preffoir fur des voitures rou-
lantes. On tranfporte de même celle
pour les vins paillés, à la différence
qu'on ne les égrappe & qu'on ne les
foule pas tant dans le tonneau.

Le tranfport de ces tonneaux fur
des voitures, procure aux raifins qui
ont été bien foulés & égrappés, un
effet merveilleux pour le faire rougir.
Les tonneaux étant amenés & mis
dans un cellier bien fermé, pour con-

ferver aux raifins leur chaleur , & même l'augmenter (car rarement à Rheims fe fert-on de cuves), on les met fur cul avec une double barre deffous , pour empêcher que la force de la fermentation du vin ne dérange le fond : on les défonce de nouveau pour les fouler une feconde fois ; enfuite on les renfonce : on met fur leur fond une pompe de bois * , à clé auffi de bois, qu'on ouvre & ferme avec une clef de fer * , autant que la fermentation du vin le demande. Le vin en fort par un conduit de bois ou de fer blanc * dans un vaiffeau placé à côté de ces tonneaux , qui n'a d'autres ouvertures que celles néceffaires pour y placer un entonnoir * , à la buze duquel il y a une foûpape à reffort , qui empêche l'air d'y pénétrer , & n'y laiffe entrer que le vin.

*Fig. 7. pl. 1.

*Fig. 8. pl. 1.

*Fig. 9. pl. 1.

*Fig. 10. pl. 1.

La chaleur concentrée dans ce tonneau , détache la fubftance rouge attachée à la pellicule du grain de raifin,

& la communique à la maffe de liqueur que ce grain a produit en foul-
lant les tonneaux. Nonobftant les pil-

* Fig. 11.
pl. 1. lettes * & les bâtons triangulaires *
* Fig. 12.
pl. 1. dont on fe fert pour broïer les raifins,
* Fig. 13.
pl. 1. on peut encore fe fervir d'un hériffon*,
qui eft un bâton auffi triangulaire &
pointu , garni de chevilles de bois,
avec lequel on agite & échauffe les
raifins & le vin. Deux ou trois jours
au plus font néceffaires pour lui donner une couleur foncée.

Mémoire de
Metz. „ Dans le Païs Meffin , quand le
„ raifin arrive de la Vigne , on le
„ jette dans des cuves préparées , pour
„ le laiffer fermenter pendant dix ,
„ douze ou quinze jours , à propor-
„ tion de la maturité du raifin & de
„ la chaleur de la faifon «.

Ce terme eft bien trop long , le vin
doit être extrêmement dur , ou le raifin produit un vin extrêmement foible;
mais nous avons vu au ch. IV. de cette
feconde partie , fuivant le Mémoire

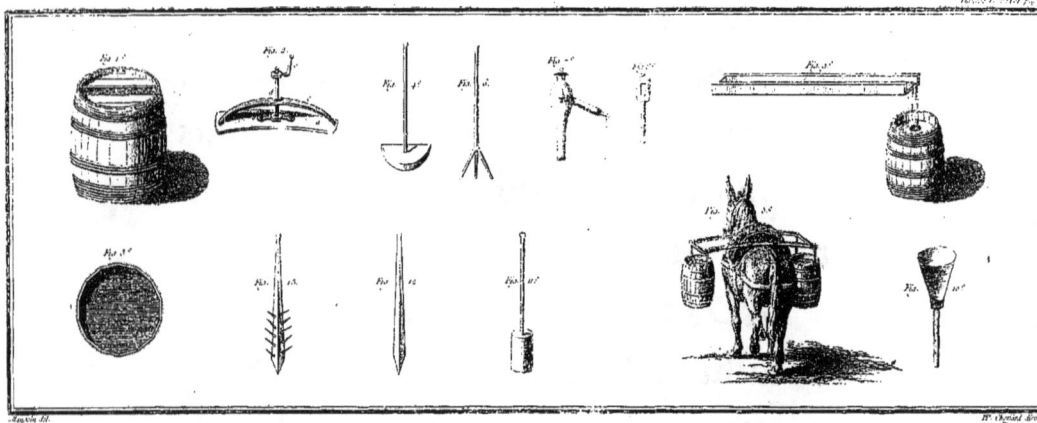

de Metz , que communément on y coupe les raisins tous ensemble.; c'est-à-dire noir & blanc , mûr, verd & pourri , de la même façon qu'on le fait dans les environs de Paris. Il ne faut plus s'étonner si ces vendanges demandent tant de tems à rester dans les cuves , où souvent elles aigrissent avant de s'échauffer ; cela ne fait pas l'éloge des vins Messins, encore moins celui des Bourgeois qui composent ces vins : il faut que le meilleur de tous leurs vins soit bien médiocre , & se donne à bien vil prix , pour négliger ainsi les autres.

CHAPITRE X.

Du pressurage des Vins.

SUIVANT l'usage présent de la riviere de Marne , de la montagne de Rheims , & de Rheims même , tous les raisins destinés pour faire le vin gris, étant amenés au preſſoir, on ne perd point de tems à les preſſurer.

Les raiſins rangés en forme quarrée ſur le preſſoir à pierre, ou à reſſon, ou étiquets, on donne la premiere ſerre avec le plus de diligence qu'il eſt poſ-ſible ; enſuite de quoi on releve avec des pêles de bois les raiſins qui, par la preſſion ſupérieure ſe ſont écartés de la maſſe, devant & derriere, à droite & à gauche ; & l'on donne la ſeconde ſerre, qui s'appelle *la retrouſ-ſe*, après laquelle on taille quarrément les extrémités de chaque face de la maſſe, avec une beche bien tranchan-te, & on le rejette ſur cette même maſſe avec les mêmes pêlées, après quoi on donne la troiſieme ſerre, qui ſe nomme la *premi ere taille*. Ces trois ſerres ſe donnent avec le plus de dili-gence qu'il eſt poſſible, & ſans aucun intervalle. L'on continue de donner les autres ſerres & tailles, qui ſe nom-ment *ſeconde, troiſieme* & *quatrieme*,

& plus s'il en est besoin, jusqu'à ce que la masse des raisins ne produise plus de jus, ou que la force du moteur, tel nombre d'hommes qu'on puisse y emploïer, devienne insuffisante; ce qui arrive à tous les pressoirs dont on a fait usage jusqu'à présent, parceque cette masse ne souffrant que deux pressions horizontales, qui sont celle de dessus, & celle de dessous, les quatre côtés, qui ne souffrent point de pression verticale, conservent toujours vers leur bord une petite partie de cette liqueur que le pressoir à coffre, que j'annonce & propose, & dont je vais donner la description, tant par écrit que par figure au chapitre suivant, exprime totalement pressant tout-à-la-fois & plus promptement les six parties de son cube.

Le vin de la premiere serre & celui de la retrousse, servent ordinairement à composer la cuvée. Les vins de taille vont toujours en rougissant par dégré, parceque la compreffion fe fait fentir de plus en plus fur la pellicule qui enveloppe le grain de raifin. La premiere taille , qui n'a pris que très peu de couleur, fe met à part pour en faire, après, l'ufage qu'on veut.

Ce vin eft extrêmement fumeux, il renferme pour ainfi dire en lui-même tout l'efprit de la maffe. Cette forte de vin n'eft potable qu'au bout de deux ou trois ans au plus. Les vins des autres tailles fe mettent auffi à part de la premiere ; mais on les mélange enfemble, ou on les fépare , à mefure qu'on y trouve la qualité ou la couleur qu'on fouhaite qu'ils aient.

A l'égard des vins rouges , la façon du preffurage eft toute différente de celle des vins blancs , & de celle de tous les autres Vignobles du Roïaume , où l'on ne porte fur le preffoir que le marc des raifins foulés , après en avoir exprimé le plus de liqueur qu'il a été poffible , & que l'on tire de

la cuve par une canelle pour l'entonner
dans les poinçons : d'où il suit qu'on
ne peut plus tirer de ce marc qu'un
vin sec & dur, qu'on rejette ensuite dans les mêmes poinçons. C'est
bien ce que font la plûpart de nos
Vignerons de Champagne, pour épargner les frais de pressurage & païer
moins de droit en vin pour l'usage du
pressoir. Aussi leur vin est-il bien inférieur à celui des Bourgeois.

Soit qu'on tire la vendange de la
cuve, soit qu'on la tire des trentains,
on la porte sur le pressoir avec tout le
vin qu'elle contient ; on verse ensuite
sur le sac le vin qu'on avoit tiré de la
cuve ou des trentains, puis on donne
la serre, la retrousse & la premiere
taille. Le vin qu'on tire de ces trois
serres compose le vin de cuvée. Les
tailles & serres suivantes produisent
un vin bien inférieur en qualité ; on
l'entonne à part. On doit entonner
celui des trois premieres serres dans

D v

des poinçons neufs. Il eſt dangereux
de ſe ſervir de poinçons qui aient
déja ſervi, à moins qu'on ne ſoit certain de la bonne qualité des vins qui
y ont été renfermés, que le vin n'ait
point eu de mauvais goût ; que les
vaiſſeaux n'aient été bien rincés &
bien bouchés au moment qu'on les a
vuidés ; on ne peut s'en aſſurer ; qu'ils
n'aient été vuidés ſous les yeux du
Maître.

Quand on entonne le vin, on emplit
le poinçon à un ou deux ſeaux près,
c'eſt-à-dire qu'on lui laiſſe environ
quatre pouces de vuide pour le faire
bouillir à l'air, & lui laiſſer jetter dehors ce qu'il renferme d'impur, après
quoi on le bouche foiblement, ſoit
avec des feuilles de Vignes & des tui-
leaux, ſoit avec le tampon renverſé,
pour lui laiſſer exhaler pendant quelque tems ſon plus grand feu. Maxime
dangereuſe, comme on va le voir à
la ſuite de cet ouvrage, & cepen-

dant fort en usage. Il me reste à dire, en deux mots, comment se fait le vin paillé.

Cette espece de vin est beaucoup plus difficile à faire que le vin gris & le rouge. Pour y bien réussir, le raisin doit être trié comme pour les deux premieres especes de vin ; on le doit cueillir avec la même précaution que pour faire le rouge, c'est-à-dire par un beau Soleil. On le renferme dans des trentains sans l'égrapper, après l'avoir foulé sans le mettre absolument en vin. Quand ces trentains sont arrivés à la maison, on les met sur cul, on les laisse jusqu'au lendemain sans les défoncer ; on se contente d'y mettre la pompe, si l'on craint qu'ils ne poussent leurs fonds. Le lendemain on les défonce & l'on presse le raisin avec la main, pour voir quelle teinture la liqueur aura prise. Quand on s'apperçoit qu'elle commence un peu à tacher ; il est tems de le pressurer, parce

que pour peu que la pellicule du grain
fe fente preffée , elle communique au
vin une partie de fa fubftance. Quand
on s'en apperçoit à la goulette du preffoir , il faut pour lors ceffer la preffion , & mettre à part ce vin dans des
vaiffeaux ; cette couleur déchargera &
deviendra couleur de pelure d'oignon
ou d'œil de perdrix. Cette efpece de
vin eft la meilleure de toutes. Le vin
qu'on tirera de la taille qui fuit les
premieres ferres , fera extrémement
fumeux, on doit s'en méfier.

Mémoire de
Metz.

» Dans le Païs Meffin , avant de
» faire le vin , on a foin de faire fou-
» ler les cuves vingt-quatre heures , &
» quelquefois quarante - huit heures
» auparavant ; on tire enfuite le vin
» de la cuve , qu'on diftribue éga-
» lement dans les différens tonneaux
» préparés , & l'on porte le marc fur
» le preffoir ; on taille le fac trois ou
» quatre fois. Il eft rare qu'on dif-
» tingue le vin des différentes tailles ;

» on a, au contraire, attention de le
» mêler avec égalité, afin que le vin
» ait la même qualité «.

En suivant cette méthode, on est
sûr de faire de très mauvais vin, qui
sera fort dur & fort âcre.

» En Franche-Comté, quand la Mémoire de
» vendange commence à bouillir, on Besançon.
» a soin de la fouler avec les pieds,
» jusqu'à ce qu'on s'apperçoive qu'el-
» le se refroidit; après quoi on la bat
» dessus jusqu'à ce que le vin soit fait.
» On a coutume de ne l'en tirer qu'a-
» près un mois, après quoi on porte
» la gene, c'est-à-dire le marc, sur le
» pressoir, pour en tirer ce qui n'a pû
» s'émarer ou en couler.

» On pressure également la ven-
» dange blanche sans la faire cuver ;
» on met le vin dans les tonneaux,
» qu'on remplit souvent pour leur
» faire jetter la lie qui y séjourneroit
» sans cette précaution.

» On fait encore à Besançon des

» vins clairets fort délicats , que l'on
» tire de la cuve lorfqu'elle commen-
» ce à bouillir. [Quand on tire le vin
» des cuves , on l'entonne dans dés
» tonneaux de différentes grandeurs :
» il fe garde longtems : on bondonne
» bien les tonneaux , & l'on n'y tou-
» che que quand on veut le foûtirer «.

On peut dire de l'ufage de faire le
vin dans ces deux Vignobles , que
l'un eft auffi mauvais que l'autre ; on
ne le peut pas plus mal travailler.

» Dans le Païs Laonnois, à mefure
» qu'on apporte la vendange à la mai-
» fon , on l'égrappe avec des four-
» ches à trois pointes , on la jette
» dans une foulette percée qui eft éx-
» pofée fur la cuve, & deux ouvriers
» foulent aux piés le raifin dont toute
» la liqueur tombe dans la cuve, &
» lorfque la foulette eft remplie de
» marc, on la jette avec une pêle de
» bois dans la cuve.

» La plûpart des Bourgeois ne font

» point égrapper les raifins ; ils font
» même dans l'ufage de fouler le rai-
» fin dans la même cuve pendant trois
» ou quatre jours «.

Ce mélange de vin qui cuve depuis
trois ou quatre jours , avec celui qui
n'a pas encore cuvé , ne peut caufer
qu'une très mauvaife qualité au vin ,
attendu que les premiers raifins qui
font déja aigris , communiquent leur
aigreur à toute la maffe qui eft dans la
cuve. Pour donner au vin la qualité
qu'il doit avoir , il eft néceffaire de
faire en particulier une cuvée qui ait
été formée dans un jour , quelque petite qu'elle fe trouve.

» Ceux qui font mieux leur vin,
» laiffent cuver le raifin environ
» vingt - quatre heures , lorfque le
» tems de la vendange eft chaud ; &
» lorfqu'il eft froid & pluvieux , ils
» le laiffent cuver pendant un jour &
» demi.

» Le raifin blanc fe foule pareille-

» ment dans la foulette poſée ſur la
» cuve, la buſe ou fontaine ouverte ;
» & à meſure que le vin tombe dans
» le barlon, on le diſtribue dans les
» poinçons avec des danderlins «. Ce
ſont des hottes de bois. Peut-on aſſurer que le vin diſtribué de cette façon
dans les poinçons, puiſſe former un
vin égal.

La façon du vin en Anjou, me paroît particuliere.

Mémoire d'Angers. » On y amene la vendange de la
» Vigne au preſſoir, avec des por-
» toirs ſur le dos des chevaux ; ces
» portoirs verſés dans le preſſoir, un
» ou deux hommes, ſelon qu'il eſt
» grand, foulent le raiſin les jambes
» nuds avec des ſabots plats. Le vin
» exprimé s'écoule par une anche qui
» eſt creuſée au bout des carreaux du
» preſſoir, & tombe dans un barlon
» qu'on a ſoin de vuider à meſure
» qu'il s'emplit, pour l'entonner dans
» les poinçons «.

Comme les Angevins n'ont que des
raifins blancs, ils ne les mettent pas
dans la cuve pour les faire fermenter ;
mais l'ufage dans lequel ils font,
ainfi que dans le Païs Laonnois, de
fouler les raifins avec des fabots, foit
fur le preffoir, foit fur la foulette, eft
dangereux. Les raifins n'étant point
égrappés, le vin s'écoulant, à mefurer
qu'on les foule, par l'anche du preffoir,
les grains écrafés ne faifant point une
maffe folide & s'écartant, il faut né-
ceffairement que ces hommes écra-
fent la grappe ; cette grappée écrafée
communique au vin la liqueur acide
qu'elle contient ; ce qui diminue,
comme nous l'avons déja dit, confidérablement la qualité du vin.

L'ufage de la Champagne, & d'un
grand nombre d'autres Vignobles, de
fouler la vendange dans des cuves, ou
dans des tonneaux ou moïens vaiffeaux, foit en y faifant entrer des
hommes pour les fouler avec leurs

pieds nuds, soit avec des pillettes,
soit avec des bâtons triangulaires ou
de ces hérissons, dont j'ai parlé ci-
devant ; est bien plus avantageux. La
grappe nageant sur le vin à mesure
qu'on foule, le grain se détache de la
grappe & s'écrase ; pour lors elle ne
souffre aucune altération.

Il me paroît par le mémoire que j'ai
reçu d'Aix en Provence, qu'on y façonne très mal le vin. Je vais rapporter ici mot pour mot ce qu'en dit
l'Auteur de ce Mémoire.

Mémoire
d'Aix en Pro-
vence.

» Nous ne prenons gueres de pré-
» caution dans la façon des vins, at-
» tendu l'abondance du vin & son
» peu de valeur ; nous mettons dans
» nos cuves les raisins après les avoir
» foulés ; les uns enlevent les grappes
» après les avoir foulées, les autres
» ne croient pas qu'il soit nécessaire
» de prendre cette peine. Certains dé-
» cuvent le vin au bout de trois ou
» quatre jours ; il y en a qui le laiss

» fent dépofer pendant quinze on
» vingt jours dans les mêmes cuves,
» & chacun l'affaifonne à fa façon,
» fuivant fes connoiffances.

» Le vin que je fais avec deux tiers
» de raifin noir & un tiers de raifin
» blanc, a une feve qui fe développe
» toujours à mefure qu'il vieillit ;
» mais la qualité du terrein & l'ex-
» pofition augmentent ou diminuent
» le degré de cette féve. Par le moïen
» du tiers de raifin blanc, je donne à
» mon vin la couleur convenable, &
» je mitige la feve du raifin noir, qui
» feroit un peu trop rude (a). Dans les
» années pluvieufes, je laiffe cuver
» mon vin pendant fept ou huit jours,
» & je le décuve le cinquieme jour,
» lorfque le tems eft chaud & fans

(a) Ce principe eft ab-
folument faux; il ne dé-
pend, pour donner au
vin la couleur qui lui
convient & la rendre
plus ou moins ferme &
tendre, que de le fouler
& le laiffer plus ou moins
cuver, en fe conformant
au tems qu'il fait : avec
le feul raifin noir, on lui
donne le degré de cou-
leur & de délicateffe que
l'on veut.

» brouillard , parceque dans ces an-
» nées le vin prendroit trop de tein-
» ture.

» La multiplicité des raisins occa-
» sionne nécessairement la confusion
» des goûts ; ainsi il faut qu'il y ait
» une bonne espece dominante qui
» puisse déterminer la séve «.

CHAPITRE XI.

Des Pressoirs.

Le nom de Pressoir s'applique à
deux choses , qui sont le lieu, ou la
halle , où est placé le Pressoir , & le
Pressoir même. On dit très communément, un tel a un beau pressoir, un vaste
pressoir ; un pressoir bien ouvert ;
bien éclairé ; cela ne s'entend que de
la place qui renferme le Pressoir : ces
propriétés lui sont extrêmement né-
cessaires.

Avant de parler des Pressoirs , je

dirai feulement qu'un Propriétaire de
Vignes doit avoir un Preffoir proportionné à la quantité des vendanges
qu'il doit y amener, pour l'y renfermer, foit dans des cuves, foit dans
des trentains, pour y fermenter avant
de les preffurer. Cette place doit être
affez vafte, pour que les preffureurs
puiffent s'y remuer librement, &
qu'on puiffe y placer tout ce qui con-
cerne le preffoir, fans confufion.

Il doit être expofé, autant qu'il eft
poffible, au Midi, à l'exception des
Païs chauds, où on doit l'expofer au
Levant. Il doit être bien éclairé &
bien ouvert, de crainte que la vapeur
& l'odeur de la vendange bouillante
ne fuffoquent les Preffureurs; les murs
bien enduits, le plancher de deffus
bien plafonné & balaïé, enforte qu'il
n'en tombe aucune faleté; le marche-
pié bien pavé; uni & lavé, de façon
que les Preffureurs ne portent aucune
faleté fur les maïes qui faliffent le vin.

Chaque forte de Preſſoir a ſon mérite, qui ſouvent procede plus du goût
& de l'idée de celui à qui il appartient & qui l'emploie, que de l'effet
qu'il produit.

* Fig. 1,
pl. 2. Les Preſſoirs à pierre ou à teſſon *,
rendent, dit-on, plus de vin qu'un
Preſſoir à étiquet : il eſt vrai, ſi on a
égard à la grandeur du baſſin de l'étiquet, qui eſt toujours beaucoup moindre que celle de ces premiers Preſſoirs ; mais malgré la forte compreſſion de ces premiers, par rapport à
l'étendue de leur bras de levier A, il
faut convenir qu'ils ſont beaucoup
plus lents, & qu'il y faut emploïer
pour l'ordinaire dix ou douze hommes, au lieu de quatre pour l'étiquet,
ſi on lui donne une roue verticale au
lieu d'une horiſontale, ce qui eſt plus
facile qu'aux preſſoirs à pierre ou à
teſſon : je ne dis pas impoſſible, car
on peut augmenter la force de la roue
horiſontale B de ces Preſſoirs, par une

roue vérticale C, à côté de l'horifontale. Pour lors on range autour de la
roue horifontale une corde fuffifamment groffe ; cette corde y eft arrêtée
par un bout , & fon autre bout va tourner fur l'arbre de la roue verticale.
D'ailleurs ces Preffoirs caffent très fouvent ; & quoiqu'il foit très aifé d'en
connoître la caufe , on ne la cherche
pas. Ne voit-on pas que ces grands
arbres A , que je nomme bras de
levier, & qui ont leur point d'appui au milieu des quatre jumelles ,
vers la ligne perpendiculaire 1 , foit
qu'on les éleve, foit qu'ou les abbaif-
fe , forment un cercle D à leur extrémité 2 & 3 , ce qui fatigue & force la
vis E , qui eft très élevée , & devroit
tourner perpendiculairement dans fon
écrou , & fouvent la fait plier & caffer , ce qui fera toujours très difficile
à corriger : je ne dis pas encore impoffible, quoique je le connoiffe tel pour
tous les ouvriers travaillans en Pref-

foir, qui ne font pas à peine capables
d’imiter ce qu’on leur met devant les
yeux. Au lieu d’arrêter l’écrou par
deux clefs FF, qui percent les deux
arbres, il faut le laiffer libre de changer de place, en appliquant aux deux
côtés de ces deux arbres, un chaffis de
bois ou de fer, dans lequel on prati-

* Fig. 2 &
3. quera une couliffe *. L’écrou aura à
fes deux extrémités un fort boulon de
fer arrondi, qui gliffant le long de la
couliffe, fera avancer ou reculer l’é-
crou d’autant d’efpace que le ceintre
que formeront les arbres en fera en
deçà & en de-là de la ligne perpendiculaire de la vis. Par ce moïen on
empêchera la vis de plier ; & l’on en
diminuera confidérablement les frottemens. Pour diminuer ceux que l’é-
crou fouffriroit en changeant de place, on l’arrondira par-deffus, & l’on
y pofera des roulettes.

Il faut, pour ces fortes de preffoirs,
un bien plus grand emplacement par
rapport

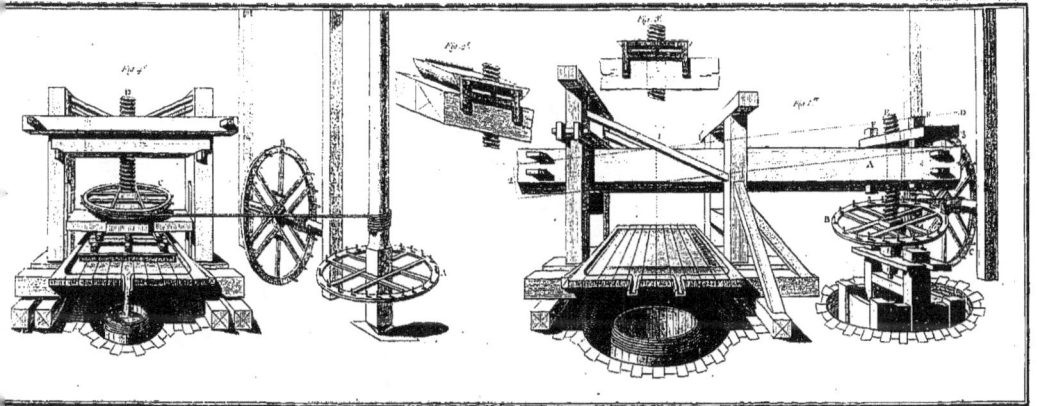

rapport à leur longueur ; ce qui , joint
à leur prix considérable , ne permet
pas à tout le mon   en avoir.

L'étiquet * est plus du goût d'aujourd'hui ; on le préfère aux deux
grands preſſoirs , parcequ'on le place
aiſément par tout , que la dépenſe en
eſt bien moindre, tant pour la conſtruction , que pour le nombre d'hommes
dont on a beſoin pour le faire tourner , ſi au lieu d'une roue horiſontale A , d'ancien uſage, placée à côté du
Preſſoir ; & à laquelle on donnoit au
plus huit piés de diametre, on y ad-
met une roue verticale B , de douze
piés , même de quinze ſi la place le
permet, ſur laquelle puiſſent monter
trois ou quatre hommes pour la ſer-
rer. On a réformé cette roue horiſontale depuis environ un demi ſiecle ; il
y en a cependant encore beaucoup,
ſurtout à la Campagne.

L'étiquet a encore un autre défaut
bien eſſentiel ; c'eſt que la roue hori-

* Fig. 4.
pl. 2.

fontale C, qui fait mouvoir la vis D dans son écrou, ne peut avoir un bras de levier affez long (j'appelle ici bras de levier, les embraffures E de cette roue qui fe terminent aux courbes de la circonférence); & qu'ordinairement le marc de raifin placé fur les maïes du Preffoir, a autant de largeur en tout fens, que cette roue a de diametre. Voïez chaque figure de ces Preffoirs planche 2, vous en diftinguerez facilement les effets.

Les Preffoirs à baguette font peu en ufage, à caufe de leur peu de folidité, de leur foible compreffion, & de la difficulté de les ferrer également, & en même-tems de chaque côté.

M. Pluche, dans fon Spectacle de la Nature, parle de ces Preffoirs à cage & à teffon, & de l'étiquet, il nous en donne les figures & l'explication ; mais il ne dit rien des Preffoirs à baguette ; & à l'égard des Preffoirs à coffre, il

dit feulement qu'avançant peu l'ouvrage, ils ne font gueres en ufage dans
les Vignobles confidérables, & qu'il
n'en a pas donné la figure, parcequ'il
n'a pû l'avoir jufte.

Cet Auteur, fi admirable dans le
détail immenfe qu'il a donné d'une
infinité de chofes qui tournent toutes
à l'utilité publique, avoit raifon de
dire que le Preffoir à coffre avan-
çoit peu l'ouvrage ; mais il enten-
doit parler de ce Preffoir felon fon
ancienne conftruction, de laquelle
feule il n'a eu qu'une connoiffance
imparfaite, fur le rapport confus qu'on
lui en a fait.

En effet ce Preffoir*, fuivant fon
ancienne conftruction, ne preffe que
dans cinq parties de fon cube, ce qui
fe fait par le fimple effort de la vis A,
qui tourne aidée d'une feule roue verticale B, de fept à huit piés de diametre, environnée de chevilles, à un
pié de diftance l'une de l'autre ; fur

* Fig
pl. 3.

E ij

lesquelles montent trois hommes pour
lui donner le mouvement par le poids
de leur corps : trois ou quatre autres
hommes tirent encore aux chevilles
avec la main. Je suppose que les trois
premiers hommes pesent cent cinquante livres chacun , cela devroit
faire quatre cens cinquante livres de
force ; mais celui qui marche le plus
bas , n'emploïant de force que le tiers
de son poids , attendu que ne montant que vers le tiers de la roue au-
delà de l'aplomb du centre , il n'emporte que le tiers du bras de levier ,
ne donne que 50 livres. Le second ,
qui marche au-dessus de lui , ne monte
que vers les deux tiers de la roue , au-
delà du même aplomb , donne cent
livres. Et le troisieme montant jusqu'à
la ligne horisontale du centre de cette
roue ; & emploïant toute la force du
bras de levier , il en emploie autant
que tout le poids de son corps , donne
cent cinquante livres : ces trois hom-

mes emploient donc enfemble la force
de trois cens livres. Les quatre autres
n'ont chacun que vingt-cinq livres de
force, tirant par les bras; cela fait
cent livres, à ajouter aux trois cens
livres des trois premiers hommes :
avec cette force de quatre cens livres.
A peine peuvent-ils lui donner un foible mouvement. De plus, les cinq
parties du cube occafionnant une très
forte réfiftance, le vin remonte né-
ceffairement vers la fixieme, qui eft
la partie fupérieure, & rentre dans le
marc chaque fois qu'on defferre, au
lieu de s'écouler dehors; ce qui oblige
à donner à ce Preffoir plus de ferres
qu'à tous autres pour le deffécher, encore n'y peut-on pas parvenir. Voilà
le défaut de ce Preffoir, qui eft prefque l'unique dans le Païs Laonnois,
excepté les Preffoirs Bannaux & ceux
des Maifons Réligieufes qui font à
teffons; & ceux de quelques Bourgeois & des Chanoines Prémontrés de

l'Abbaïe de Cuiſſy, qui ſont à étiquets; mais la plûpart avec des roues
horiſontales.

Quelques perſonnes l'ont préféré
dans la Champagne, à tous autres,
à cauſe de la facilité de ſon emplacement, qui ne demande que quinze
piés de longueur ſur douze de largeur,
& environ huit & demie d'élevation,
& encore parcequ'il n'exige pas de
fondation : quatre bouquets de pierre
chacun d'un pié & demi quarré en
tout ſens, ſuffiſent pour le porter.

On a perfectionné ce Preſſoir à coffre *, & on l'a rendu d'une grande
utilité. C'eſt à quoi s'eſt appliqué M.
le Gros, Prêtre, Curé de Marfaux,
homme né pour les Mathématiques :
cet habile homme a ſu, d'un Preſſoir
lent dans ſes opérations, & de la plus
foible compreſſion, en faire un qui,
par la multiplication de trois roues,
comme en la Figure ſeconde de la troiſieme planche, dont la plus grande

lanche 3.
2.

n'aïant que huit piés de diametre , abrege l'ouvrage beaucoup plus que les plus forts Preſſoirs , & dont la compreſſion donnée par un ſeul homme , l'emporte ſur celle des Preſſoirs à cage & à teſſons , ſerrés par dix hommes qui font tourner la roue horiſontale, & ſur celle des étiquets ſerrés par quatre hommes, montant ſur une roue verticale de douze piés de diametre. Mais il lui reſtoit encore un défaut, qui étoit de ne preſſer que cinq parties de ſon cube ; de façon que le vin remontoit vers la partie ſupérieure du cube, & rentroit dans le marc chaque fois qu'on deſſerroit le Preſſoir , ce qui donnoit un goût de ſéchereſſe au vin , & obligeoit de donner beaucoup plus de ſerres qu'à préſent, pour le bien deſſécher, beaucoup plus même que ſur toutes autres eſpeces de Preſſoir, & ſans pouvoir y parvenir parfaitement.

La preſſion de ce Preſſoir ſe faiſant

verticalement, il étoit difficile de remédier à cet inconvénient; c'est cependant à quoi j'ai obvié d'une façon
bien simple, en emploïant plusieurs
planches faites & taillées en forme de
lames à couteaux Y Y *, qui, se glissant

* Fig. 2,
pl. 3 & 8.

les unes sur les autres, à mesure que la
vis serre, contenues par de petites pieces de bois R, faites à coulisse, arrêtées par d'autres G, qui les traversent,
font la pression de la partie supérieure, sixieme & derniere du cube. Par
le moïen de la seule premiere serre,
on tire tout le Vin qui doit composer
la cuvée, & en donnant encore trois
ou quatre autres serres au plus, on
vient tellement à bout de dessécher
le marc, qu'on ne le peut tirer du
pressoir qu'avec le secours d'un pic *,

* Pl. 4. Fig.
6 & 5.

& de fortes griffes de fer *.

On peut faire sur ce Pressoir dix à
douze pieces de vin rouge & paillé,
jauge de Rheims, & six à sept pieces
de vin blanc, (trois pieces de vin de

cette jauge, font deux muids de Paris).
Je vais donner ici le détail de toutes
les pieces qui composent ce Pressoir,
le calcul de sa force & la façon d'y
manœuvrer, pour mettre les personnes curieuses d'être en état de les
faire construire correctement, de s'en
servir avec avantage, & de lui donner une force convenable à la grandeur qu'ils voudront lui donner. Ils
pourront, par le moïen de ce calcul,
en construire de plus petits, qui ne
rendront que six ou huit pieces de vin
rouge, qui, par conséquent, pourront
aisément se transporter d'une place à
une autre, sans démonter autre chose
que les roues, & se placer dans une
chambre & cabinet; ou de plus grands,
qui rendront depuis dix-huit jusqu'à
vingt pieces de vin, & pour la manœuvre desquels on ne sera pas obligé
d'emploïer plus d'hommes, que pour
les plus petits. Deux hommes seuls
suffisent, l'un pour serrer le pressoir;

même un enfant de douze ans, &
l'autre pour travailler le marc & placer les bois qui fervent à la preſſion.

Avant de donner ce calcul, je préviens le Lecteur que j'ai imaginé de
donner, dans le même eſpace de tems
& par le feul & même mouvement,
fans augmenter le nombre d'ouvriers
pour la manœuvre & fans doubler
la force, le double de vin, c'eſt à-
dire de donner trente pieces de vin,
au lieu de quinze dans le même eſpace de tems, & je n'augmente la dépenfe pour la conſtruction de ce Preffoir, que d'un tiers, & n'ai befoin que
d'un tiers d'emplacement de plus en
longueur. C'eſt en joignant au premier
Preſſoir, ou coffre, un fecond de même
mefure ; & plaçant entre les deux la
grande roue verticale, dont l'axe for-
mant une vis à chacune de fes extrémités, entre dans chaque écrou de ces deux
Preſſoirs ; & en ferrant, l'un deſſerre
l'autre. (On fuppofe les deux coffres

remplis chacun de leur marc.) Le premier étant ferré pendant que le vin
coule (on fait qu'il faut donner entre
chaque ferre un certain tems au vin
pour s'écouler), le fecond fe trouvant
defferré, on rétablit fon marc ; enfuite dequoi on le refferre , & le premier
fe defferre ; on en rétablit encore le
marc & on le refferre , & ainfi alternativement. *Voy. Fig. 1. Pl. 9.*

Détail des Bois néceffaires pour la
  conftruction d'un Preffoir à coffre ,
  capable de rendre douze pieces de vin
  rouge pour le moins ; enfemble des
  ferremens & plumards de cuivre , &
  & bouquets de pierre pour le porter.

Je donne à ces bois la longueur dont
ils ont befoin pour les mettre en œuvre, & je défigne chacune des pieces
par lettres alphabéthiques, dans les Pl.
& Fig. qui font à la fin de ce volume.
       SAVOIR;
  Trois chantiers A , chacun de onze Pl. 7. Fig. 2.
                E vj

piés de longueur, fur quatorze pouces
d'une face, & neuf de l'autre, en bois
de brin.

Deux faux chantiers B, chacun de
neuf piés de longueur, fur quatorze
d'une face, & neuf de l'autre, en bois
de brin.

Quatre jumelles C, chacune de fix
piés fix pouces de longueur, & de
fept pouces fur chaque face, en bois
de fciage.

Quatre contrevents D, chacun de
trois piés fix pouces de longueur, &
de fept pouces fur chaque face, en
bois de fciage.

Deux chapeaux E, chacun de cinq
piés huit pouces de longueur, & de
fept pouces fur chaque face, en bois
de fciage.

Pl. 9. Fig. 1. Deux chaînes F, de neuf piés fept
pouces chacune de longueur, fur cinq
pouces d'une face, & quatre de l'autre, en bois de brin très fort.

Je diftingue le bois de brin d'avec

lé bois de fciage. J'entends par bois de brin, le corps d'un arbre bien droit de fil, & fans nœuds autant qu'il eſt poffible, équarri à la hache. On le choifit de la groffeur qu'on veut qu'il ait, après l'équarriffage; & par bois de fciage, un arbre le plus gros qu'on peut trouver, & que par œconomie on équarrit à la fcie, pour en tirer des pieces utiles au même ouvrage, ou pour d'autres, & qui n'a pas befoin d'être de droit fil.

Il y a un bénéfice confidérable pour celui qui fait conftruire un ouvrage, s'il a un ouvrier habile qui fache débiter à propos fes bois. Si c'eſt un gros Seigneur, qui ne puiffe y donner fes attentions, il doit avoir un Intendant fidéle & capable de cette œconomie, & qui ne s'entende pas avec un Marchand de Bois, pour lui en faire débiter une plus grande quantité qu'il n'en a befoin, & duquel il fait tirer un récompenfe, foit en bois de chauffage

où autres, ou argent, comme cela
n'arrive que trop souvent.

Pl. 4. Fig. 1. Trois brebis G, chacune de cinq
piés de longueur, sur six pouces de
toutes faces, en bois de brin.

Pl. 3. Fig. 2.
Pl. 6. Le doffier H, composé de quatre
doffes, chacune de trois piés de longueur, sur neuf pouces six lignes de
largeur, & trois pouces d'épaiffeur,
en bois de fciage.

Ibid. Le Mulet I, composé de trois pieces
de bois, jointes à langüette, faifant enfemble trois piés deux pouces de largeur, sur six pouces d'épaiffeur, &
trois piés de hauteur, en bois de brin
très roide.

Pl. 5. Fig. 5.
Pl. 6. Deux flafques L, chacune de dix
piés de longueur, sur deux piés huit
pouces de largeur & cinq pouces d'é-
paiffeur, en bois de fciage; mais le
plus de fil qu'il fera poffible.

Chaque flafque peut être compofée
de deux pieces sur la largeur, fi on
n'en peut pas trouver d'affez large en

un feul morceau ; mais il faut pour
lors prendre garde de donner plus de
largeur à celle d'en haut qu'à celle
d'en bas, parceque la rainure qu'on eft
obligé de faire en dedans de ces flafques fe trouve directement au milieu
dans toute la longueur. Cette rainure
fert pour diriger la marche du Mulet,
& le tenir toujours à même hauteur.

Neuf pieces de maïe M, chacune *Ibid.*
de neuf piés de longueur, fur dix pouces huit lignes de largeur, & huit pouces d'épaiffeur, en bois de fciage. Elles feront entaillées de trois pouces &
demie, ou même de quatre pouces,
pour former le baffin, & donner lieu
au vin de s'écouler aifément, fans
paffer par deffus les bords ; le milieu
du baffin aura un pouce moins de profondeur que les bords ; c'eft pourquoi
on pourra lever avec la fcie à refendre,
fur chacune de ces maïes, une doffe
de deux pouces neuf lignes d'épaiffeur, le trait de fcie déduit, & de

fept piés environ de longueur. L'en-
taille du baffin aura tout autour environ un pié ou quinze pouces de ta-
lut, fur les quatre pouces de profondeur.

Ibid.   Trois coins N, de deux piés chacun
de longueur, fur fix pouces d'épaiffeur
d'une face, & deux pouces d'autres,
pour ferrer les maïes.

Le mouton O, de deux piés quatre
pouces de hauteur, fur huit pouces
d'épaiffeur & deux piés de largeur, en
bois de noïer ou d'orme très dur. On
y pratiquera un fond de calotte d'un
pouce de profondeur, à l'endroit contre lequel la vis preffe. S'il peut y avoir
quelque nœud en cet endroit, ce n'en
fera que mieux, finon on appliquera
un fond de calotte de fer, qu'on arrêtera avec des vis en bois mifes aux
quatre extrémités. J'entends par vis en
bois, de petites vis de fer qu'on fait
entrer dans le bois avec un tourne-
vis; ces vis auront deux pouces de longueur.

Onze coins P , autrement dit pouſ-
ſes-culs , de deux piés quatre pouces
de hauteur , ſur dix-huit pouces de
largeur , faiſant enſemble cinq piés
d'épaiſſeur , dont neuf de ſix pouces
d'épaiſſeur , un de quatre pouces , &
un autre de deux pouces. Et afin que
l'un ne s'écarte pas de l'autre , on les
fera à rainure & à languette , comme
on le voit en la figure 3 , planche 8.

Trois pieces de bois Q , ſervant Pl. 3. Fig. 2.
d'appui au doſſier, de cinq piés de lon- Pl. 5. Fig. 5. Pl. 6.
gueur , & de ſix pouces d'épaiſſeur ſur
chaque face , en bois de brin.

Quatre mouleaux R , ſervant à la Pl. 3. Fig. 2.
preſſion ſupérieure du marc, chacun Pl. 4. Fig. 1. Pl. 8. Fig. 4.
de trois piés quatre pouces de lon-
gueur , ſur ſix pouces d'une face , &
& quatre pouces ſix lignes d'autre ,
en bois de ſciage , & à rainure &
languette.

Quatre autres mouleaux S, chacun
de deux piés trois pouces de longueur ;
du reſte de même que les précédents ,
& pour le même uſa

Quatre autres mouleaux T, de dix-huit pouces de longueur ; du reste de même que les précédens.

Quatre autres mouleaux V, chacun de neuf pouces de longueur ; du reste de même que les précédens. On pourra en avoir de plus courts, si on juge en avoir besoin, tels que les suivans.

Quatre autres mouleaux X, chacun de six pouces de longueur, du reste de même que les précédents.

Pl. 3. Fig. 2.   Douze planches à couteau Y, de
Pl. 8. Fig. 2. trois piés deux pouces de longueur, fur deux pouces d'épaiffeur d'un côté, & fix lignes d'autre, & environ de huit pouces de largeur, à l'exception de deux ou trois, auxquelles on ne donnera que quatre à cinq pouces.

Pl. 3. Fig. 2. Cinq chevrons Z, chacun de trois
Pl. 9. Fig. 1. piés deux pouces de longueur fur chaque face pour porter le plancher.

Pl. 5. Fig. 5. Quatre planches (&) de six piés six pouces de longueur, fur neuf pouces fix lignes de largeur & un pouce d'épaiſſeur , de bois de chêne , pour le plancher.

Un écrou AA , de bois de noïer ou Pl. 3. Fig. 2. d'orme , de cinq piés de longueur ſur Pl. 8. Fig. 5. vingt pouces de hauteur , & quinze d'é- paiſſeur.

Une vis de bois de cormier BB , de Pl. 8. Fig. 7. cinq piés ſix pouces de longueur , de neuf pouces de diametre ſur le pas & ſur le bout rond qui tourne ſur le beuffroi , de onze pouces de diametre pour ce qui entre dans le quarré des embraſſures , & de quatorze pouces pour le repos.

La grande roue CC , de huit piés de Pl. 3. Fig. 2. diametre , compoſée de quatre em- Pl. 4. Fig. 1. braſſures , n° 1 , de huit piés de lon- gueur chacune ; de quatre fauſſes em- Pl. 5. Fig. 1. braſſures , n° 2 , de deux piés quatre pouces chacune de longueur ; de qua- tre liens , n° 3 , de deux piés de lon- gueur chacun. La circonférence au- dehors de la roue , non compris les dents , ſera de vingt-cinq piés ſix

poüces fix lignes ; elle doit être partagée en huit courbes, n° 4, à chacune
defquelles il faut donner trois piés un
pouce huit lignes de longueur, & quatre pouces pour le tenon de chacune :
les embraffures & les courbes doivent
avoir fix pouces d'épaiffeur en tout
fens.

Ibid. Une autre roue DD, de cinq piés
cinq pouces de diametre, compofée
de quatre embraffures, n° 1, chacune de cinq piés quatre pouces fix lignes de longueur ; la circonférence
fera de dix-fept piés un pouce : elle
doit être partagée en quatre courbes,
n° 2, à chacune defquelles il faut donner quatre piés trois pouces trois lignes de longueur, & quatre pouces
pour le tenon de chacune. Les embraffures & les courbes doivent avoir quatre pouces fix lignes d'épaiffeur en tout
fens.

Ibid. Une autre roue EE, de trois piés
neuf pouces de diametre, compofée

de quatre embraſſures, n°. 1, chacune
de trois piés huit pouces quatre lignes
de longueur ; la circonférence ſera de
onze piés dix pouces ; elle doit être
partagée en quatre courbes, n° 2 , à
chacune deſquelles il faut donner,
onze pouces une ligne de longueur en
dehors, & trois pouces, pour le tenon de chacune ; les embraſſures &
les courbes doivent avoir trois pouces
ſix lignes d'épaiſſeur en tout ſens.

Le pignon FF, de la moïenne roue, *Ibid. & Pl. 8.*
de cinq piés de longueur , de quinze *Fig. 8 & 9.*
pouces ſix lignes de diametre ſur le
quarré des embraſſures, & de cinq
pouces de diametre pour chaque boulon. Le boulon du côté du coffre, de
neuf pouces de longueur ; celui du
côté des roues , de quatre pouces ;
le repos vers la roue, de neuf pouces
ſix lignes de longueur ; les fuſeaux,
de dix pouces de longueur , & de
deux pouces ſix lignes de groſſeur ; le
bout qui porte la crête de fer , de deux

poucés six lignes de diametre. Le même pignon aura huit fufeaux.

Ibid. Le pignon GG, de la petite roue de
trois piés de longueur, de quatorze
pouces de diametre fur les fufeaux ;
de neuf pouces fur le quarré des embraffures, de quatre pouces de diametre pour chaque boulon ; le boulon
du côté du coffre de quatre pouces de
longueur ; le repos vers la roue, de
huit pouces ; les fufeaux de six pouces
six lignes de longueur, & de deux
pouces six lignes de groffeur ; le bout
qui porte la crête, d'un pouce six lignes de diametre. Le même pignon
aura fept fufeaux.

Ibid. Le pignon HH, de la manivelle,
d'un pié & onze pouces de longueur,
de treize pouces six lignes de diametre fur les fufeaux ; le boulon du côté
du coffre, de quatre pouces de longueur, & celui de la manivelle, de
huit pouces ; les fufeaux de cinq pouces de longueur, & de deux pouces fix

lignes de groffeur. Le même pignon
aura fix fufeaux.

Un porté-lévier I I , de deux piés Pl. 7. Fi
de longueur fur fept pouces d'une face , & fur quatre d'autres , en bois de
fciage.

Un levier LL , de cinq piés de lon- Ibid
gueur fur quinze lignes d'épaiffeur.

La grande roue doit avoir foixante-
quatre dents ; les dents doivent avoir
deux pouces & demie de diametre ,
trois pouces fix lignes de longueur ,
en dehors des courbes ; deux pouces
de diametre , & fix pouces de longueur , pour ce qui eft enchaffé dans
les courbes.

La moïenne roue doit avoir qua-
rante-deux dents ; les dents doivent
avoir deux pouces & demi de diametre , trois pouces fix lignes de longueur en dehors des courbes ; deux
pouces de diametre , & quatre pouces
de longueur , pour ce qui eft enchaffé
dans les courbes.

La petite roue doit avoir trente-
deux dents ; les dents doivent avoir
deux pouces & demi de diametre , &
trois pouces six lignes de longueur en
dehors des courbes ; un pouce neuf
lignes de diametre , & trois pouces six
lignes pour ce qui eft enchaffé dans les
courbes.

Pl. 4. Fig. 1. Le beffroi qui porte les roues & les
pignons , fera compofé d'une piece de
bois , n°. 1, de dix piés de longueur
fur cinq pouces d'épaiffeur pour chaque face : de deux autres , n° 2 , de
trois piés de longueur fur même épaiffeur : de deux autres , n° 3 , de trois
piés six pouces de longueur fur même
épaiffeur : de six pieces , n°. 4 , de longueur proportionnée à l'élevation du
plancher de la place , & de même
épaiffeur ; de deux autres pieces , n° 5 ,
de deux piés neuf pouces de longueur
fur même épaiffeur ; de deux autres
pieces , n°. 6 , de deux piés de longueur fur même épaiffeur : de quatre
autres

autres pieces, n° 7, de dix-huit pouces de longueur fur même épaiffeur : d'une autre piece, n° 8, de deux piés de longueur fur même épaiffeur : d'une autre piece, n° 9, de trois piés fix pouces de longueur, fur dix pouces de largeur & cinq pouces d'épaiffeur : & d'une autre piece, n° 10, de trois piés de longueur, fur dix pouces de largeur & quatre pouces d'épaiffeur.

La manivelle, de bois ou de fer.

Quatre bouquets ou piés d'eftaux de pierre dure non gelée, de quinze pouces d'épaiffeur dé toutes faces, pour porter les deux faux chantiers du preffoir.

Deux autres bouquets de même pierre, de deux piés de longueur, fur un pié de largeur & un pié trois pouces d'épaiffeur.

Si l'on craint que les boulons de bois des pignons s'ufent trop vîte, par

rapport à leurs frottemens, on peut y
en appliquer de fer d'un pouce & demi de diametre, qu'on incruſtera quarrément dans les extrémités de ces pignons, de ſix ou même huit pouces de
longueur : on leur donnera au dehors
un pouce & demi de diametre, & la
longueur telle qu'on l'a donnée ci-devant aux boulons de bois.

Dans le cas que l'on ſe ſerve de boulons de fer au lieu de ceux de bois, il
faudra auſſi y emploïer un plumard de
cuivre de fonte pour chaque boulon.
Les plumards pourront peſer environ
trois livres chacun.

Pour leur donner la forme qu'ils
doivent avoir, voïez la Figure 10,
planche 8.

Un boulon de fer pour contenir la
fauſſe vis ſur ſon plumard de bois, de
deux piés ſix pouces de longueur, &
d'un pouce de diametre.

Un autre boulon de fer pour conte-

nir le pignon de la moïenne roüe &
l'empêcher de s'élever, de quinze
pouces de longueur sur un pouce de
diametre.

Un autre boulon de fer pour porter
le levier, de huit pouces de longueur
sur six lignes de diametre.

Un bec de taule pour la goulette du
preſſoir.

*Détail particulier des pieces qui com-
poſent le double Preſſoir à coffre.*

Il n'y a point de différence dans la
compoſition des deux coffres : ainſi le
détail que j'ai donné pour la compoſition de l'un, peut ſervir pour l'autre.
Le mouvement n'a point non-plus de
différence, que par rapport à ſon emplacement. Cette différence conſiſte
en une ſeule vis, au lieu de deux qu'il
faudroit s'ils étoient ſéparés.

On donnera à cette vis dix piés de
longueur de même diametre pour le

pas & pour les autres parties ; ces deux presſoirs auront quatre piés de diſtance entre les jumelles pour l'aiſance du mouvement.

Pl. 9. Fig. 1. La grande roue CC, tiendra ſa place ordinaire ; la moïenne roue DD ſera placée ſur le devant, au-deſſus de la grande ; & la petite EE, ſur le derriere, de quelque peu plus élevée que la moïenne. Celui qui tourne la manivelle, ſera placé ſur une eſpece de balcon LL', qui ſera dreſſé au-deſſus de l'écrou du côté gauche,

Le pignon FF, de la moïenne roue, aura ſix piés, compris les boulons ; du reſte, de même diametre ſur la circonférence des fuſeaux, ſur le quarré des embraſſures pour chaque boulon. Les deux boulons auront chacun une égale longueur d'un pié.

Le pignon GG, de la petite roue, aura cinq piés quatre pouces de longueur, compris les boulons : du reſte, de même diametre fur la circonférence des fufeaux, fur le quarré des embraffures & pour chaque boulon. Les deux boulons auront chacun une égale longueur de huit pouces.

Le pignon HH de la manivelle, aura cinq piés huit pouces de longueur, compris les boulons : du refte, de même diametre fur la circonférence des fufeaux, fur le quarré des embraffures & pour chaque boulon. Le boulon de la manivelle aura un pié de longueur, & celui de l'autre bout huit pouces.

Les fufeaux du pignon de la moïenne roue, au nombre de huit, auront deux piés dix pouces de longueur, & deux pouces fix lignes de groffeur.

Ceux du pignon de la petite roue, au nombre de fepr, auront huit pouces de longueur, & deux pouces fix lignes de groffeur.

Ceux du pignon de la manivelle, au nombre de fix, auront cinq pouces de longueur, & deux pouces fix lignes de groffeur.

Les quatre montans MM, qui porteront tout le mouvement, auront chacun quatre piés huit pouces de hauteur, non compris les tenons depuis les chapeaux E, à l'extrémité defquels ils font emmanchés, jufqu'à leur couverture, & fept pouces de largeur d'une face, & quatorze d'autres. Ces quatre montans feront maintenus, par le haut, de quatre liens NN, autrement dit entre-toifes. Ces liens auront chacun fept pouces de largeur fur toutes faces, dont deux auront chacun quatre piés de longueur, non compris les tenons, & les deux autres auront chacun quatre piés deux pouces, également non compris les tenons.

On couvrira de planches, fi on le juge à propos, l'efpece de beffroi que forment ces quatre montans, ou on les arrêtera aux solives du plancher.

La manivelle sera de bois ou de fer.

Au lieu d'un seul levier LL, il en faudra deux pour soulever le pignon de la moïenne roue par les deux bouts en même-tems.

Il ne faudra pas de porte-levier. On se servira plutôt d'un boulon de fer, qui passera à travers du levier & du montant MM, & sera arrêté à son extrémité par un écrou.

Calcul des forces du Mouvement.

Sans avoir égard aux arrangemens Pl. 10. F que peuvent avoir les différentes pieces d'une machine, soit une vis b *, dont la hauteur du pas est n, servant d'axe à une roue c, à laquelle on transmet le mouvement de l'agent par le moïen de deux roues d, e, & de trois pignons f, g, h, dont le der-

F iv

nier a même axe que la manivelle m,
qu'on peut regarder comme une nouvelle roue, suivant la tingente de laquelle tire la puiſſance qui doit mouvoir la vis.

Toute la machine étant ſuppoſée en
équilibre, la puiſſance, que nous ap-
pellerons o, ſera en équilibre avec
l'effort qui ſe fait au point p de la dent
de la roue c, lorſqu'elle eſt rencon-
trée par l'aîle du pignon. Ainſi appel-
lant p cet effort, & f, g, h, d, e, m,
les raïons des pignons & des roues de
même nom, on aura cette proportion
qu'on ne ſauroit démontrer ici. $o : p : :$
$g \times h \times f : d \times e \times m$; l'effort p ſera
auſſi en équilibre avec la réſiſtance
du marc, qui peut être regardé comme un poids placé ſur les filets d'u-
ne vis verticale ; puiſque ſon action
eſt dirigée ſuivant l'axe de la vis
qu'on ſuppoſe ici horiſontale : appel-
lant donc c, le raïon de la grande

roue, circ. c. fa circonférence, & r la résistance dont il s'agit ; on aura p : r : : n. circ. c ; multipliant ces deux proportions par ordre , on trouvera que o : r : : g×h×f×n : d × e × m× circ ; cette analogie qu'on doit regarder comme démontrée , indique que la puiffance appliquée à la manivelle, eft à la résistance caufée par le marc, comme le produit des raïons des pignons par le pas de la vis, eft au produit de la circonférence de la roue de la vis par les raïons des autres roues ; c'eft-à-dire que fi la puiffance eft représentée par le premier produit, elle fera capable , pour peu qu'on l'augmente, d'emporter la résistance représentée par le dernier.

Il eft facile à préfent de tirer de ce rapport général , celui qu'on auroit, en fuppofant que les valeurs des lettres qui y entrent font données. Voici les valeurs.

F v

c = 50 .. Raïon de la roue de la vis.

circ = 314 $\frac{2}{7}$ Circonférence de la même roue . . . .

d = 34 $\frac{1}{2}$ Raïon de la roue de même nom . . . .

e = 24 $\frac{1}{2}$ Raïon de la roue de même nom. . . .

m = 7 .. Raïon de la manivelle. .

n = 3 .. Hauteur du pas de la vis.

f = 6 $\frac{1}{4}$ Raïon du pignon de la roue d . . .

g = 5 $\frac{1}{4}$ Raïon du pignon de la roue e . . .

h = 5 $\frac{9}{10}$ Raïon du pignon de la manivelle. .

Les Roues $\left\{ \begin{array}{c} c \\ d \\ e \end{array} \right.$ ont $\left\{ \begin{array}{c} 64 \\ 42 \\ 30 \end{array} \right.$ dents.

Les Pignons $\left\{ \begin{array}{c} f \\ g \\ h \end{array} \right.$ ont $\left\{ \begin{array}{c} 8 \\ 7 \\ 6 \end{array} \right.$ aîles.

Faifant donc la fubftitution , on aura au lieu de o : r :: g × h × f × n : d × e × m × circ c, o : r :: (5 × $\frac{3}{4}$) × (4 × $\frac{9}{10}$) × (6 × $\frac{1}{4}$) × 3 : (34 × $\frac{1}{2}$) × (24 × $\frac{1}{2}$) × 7 × (314 × $\frac{2}{7}$) ; ou :: 528 × $\frac{19}{32}$: 1859550 , ou :: 25 : 88000 ; c'eft-à-dire que fi la puiffance appli-

quée à la manivelle, emploie une force de vingt-cinq livres, elle pourra
faire équilibre avec une réſiſtance
équivalente à un poids de 88000 livres, qui agiroit ſuivant la même di-
rection qu'elle.

Si l'on vouloit avoir la force qu'il
feroit néceſſaire d'appliquer tangen-
tiellement à la circonférence de la
roue c, pour faire équilibre avec la
même réſiſtance, on la trouveroit par
cette proportion $3.14 \times \frac{2}{7} : 3 :: 88000$
livres: p; deſorte que l'on auroit cette
force, que nous avons appellée p,
égale à 840 livres, qui équivalent à
la force de $3\frac{3}{5}$ hommes & $\frac{3}{5}$, qui n'em-
ploieroient que celle des muſcles, ou
au poids de 5 hommes $\frac{3}{5}$, ſuppoſé qu'ils
agiſſent de toute leur peſanteur, que
l'on fixe ordinairement à 150 livres:
Ce rapport feroit exact & l'expérience
répondroit au calcul, ſi l'on n'avoit
point de frottemens à conſidérer; mais
ils ſe trouvent dans toutes les machi-

nes & en dérangent toutes les proportions; enforte que fi l'on les calculoit,
on trouveroit, comme cela arrive,
que la même puiffance de m. ne feroit capable de faire équilibre qu'avec
une réfiftance beaucoup moindre que
88000 livres.

La confidération des frottemens,
jointe à celle de la multiplication des
roues & des pignons dans le preffoir,
pourroit donner du foupçon fur fa
bonté : le tems que l'homme eft obligé d'emploïer pour faire faire un tour
à la vis (car il eft aifé de trouver, en
divifant le produit des dents des roues
par celui des aîles des pignons, que la
manivelle doit faire deux cens quarante tours, pour que la vis en faffe
un), pourroit même les augmenter;
mais il eft facile de répondre à ces
deux difficultés. Tous les Preffoirs,
foit qu'ils aient un rouage, foit qu'ils
n'en aient point, ont une vis qui en
eft la principale piece : or, comme

c'eſt elle qui produit le plus grand frottement, il eſt facile de voir que celui qui viendra des dents des roues lorſqu'elles frottent contre les aîles des pignons , joint à celui de leurs tourillons , ne ſera pas , à beaucoup près , aſſez conſidérable pour abſorber l'avantage que tirera la puiſſance des roues & des pignons que nous avons ajoutés aux Preſſoirs ordinaires. Là le tems d'une ſerre n'étant point abſolument déterminé , ſurtout quand on fait du vin rouge , il eſt évident que ſa conſidération ne diminuera en rien la perfection du Preſſoir.

D'ailleurs la réſiſtance que le marc oppoſe à la puiſſance devenant d'autant plus conſidérable que la preſſion augmente dans le commencement de la ſerre , l'agent n'a point encore beſoin d'être ſoulagé , ainſi on l'applique immédiatement à la roue c , & l'on fait ceſſer l'engrenage en levant le tourillon du pignon f , par le moïen

d'un levier, sur une extrémité duquel
on fait repofer ce tourillon.

La remarque que nous venons de
faire par rapport aux frottemens, nous
conduit naturellement à en faire deux
autres pour les diminuer, ou du moins
pour en diminuer l'effet. Les frottemens étant d'autant plus confidérables, que les parties élevées d'une
furface entrent plus avant dans les endroits creux de l'autre, & qu'elles s'en
retirent plus difficilement, ce fera toujours une bonne pratique de mettre,
entre les deux furfaces qui frottent,
une graiffe qui rempliffe les endroits
creux, qui puiffe faire l'office d'u-
ne quantité de petits rouleaux que
l'on fait avoir la propriété de diminuer confidérablement les frottemens.
Pour s'en donner un exemple fenfi-
ble, il n'y a qu'à confidérer ce que
font les Ouvriers pour fe faciliter le
tranfport d'une groffe piece de bois,
ils ne manquent jamais de placer fous

cette piece de bois des rouleaux. Il
feroit aussi à propos d'emploïer des
tourillons d'un diametre le plus petit
qu'il seroit possible ; car ces tourillons
n'offrant alors aux frottemens de leurs
surfaces, que des bras de levier, petits autant qu'ils peuvent l'être, ils
en diminueront considérablement l'effet.

De la façon de manœuvrer, en se servant des Pressoirs à coffre, simple & double.

J'ai déja dit qu'il ne falloit que
deux hommes seuls pour les opérations du pressurage ; soit que la vendange, soit renfermée dans une cuve,
soit dans des tonneaux. On doit l'en
tirer aussi tôt qu'on s'apperçoit qu'elle
a suffisamment fermenté, pour la verser dans le coffre du Pressoir. Pour cet
effet, le Pressureur sortira la vis du
coffre ; de façon que son extrémité
effleure l'écrou du côté du coffre, il

placera le mouton O, contre l'extrémité de cette vis , & le mulet I contre
le mouton. Le coffre reſtant vuide depuis le mulet juſqu'au doſſier H , ſera
rempli de la vendange & du vin même de la cuve ou des tonneaux. Il aura
ſoin , à meſure qu'il verſera la vendange dans ce coffre , de la fouler avec

* Fig. 2.
pl. 4. une pilette quarrée * , pour y en faire
tenir le plus qu'il lui ſera poſſible. S'il
n'a pas ſuffiſamment de vendange pour
emplir ce coffre , ce ſera à lui de juger
de la quantité qu'il en aura : ſi cette
quantité eſt petite , il avancera le mulet
vers le doſſier , autant qu'il le croira
néceſſaire , & placera entre le mouton
& la vis autant de coins P , qu'il en
ſera beſoin , comme en la planche 5 ,
figure 2 , & en la planche 6. Le coffre
rempli de vendange juſqu'au haut des

Pl. 3. Fig. 2. flaſques , il rangera ſur le marc des
planches à couteaux Y , autant qu'il en
faudra , les extrémités vers les flaſques,
les couvrant environ de deux à trois

pouces l'une fur l'autre ; enfuite il placera fur les planches en travers les
mouleaux R, ou S, ou T, ou V, ou
X, fuivant la longueur du marc, comme en la Figure 2, planche 3. Enfin il
pofera en travers de ces mouleaux,
une, deux, ou trois pieces de bois F,
qu'on nomme les chaînes qui fe trouvent au-deffus des flafques, & em-
manchées dans les quatre jumelles, de
façon qu'on puiffe les retirer quand il
eft néceffaire, pour donner plus d'ai-
fance à verfer la vendange dans ce
coffre.

Toutes ces différentes pieces dont
je viens de parler, doivent fe trouver
à la main du Preffureur, de façon qu'il
ne foit pas obligé de les chercher, ce
qui lui feroit perdre du tems. C'eft
pourquoi il aura toujours foin, en les
retirant du Preffoir, de les placer à fa
portée, fur un petit échaffaud placé à
côté de ce Preffoir.

Cette manœuvre faite, il dégagera

la grande roue, de l'axe de la moïenne,
après avoir retiré le boulon qui la re-
tient. Son Compagnon & lui tourne-
ront d'abord cette roue à la main, &
enſuite au pié en montant deſſus,
juſqu'à ce qu'elle réſiſte à leur effort :
pour lors ils deſcendront l'axe de la
moïenne roue, pour la faire engre-
ner avec la grande roue, & remettront
le boulon à ſa place pour empêcher
cet axe de s'élever par les efforts de
cette grande roue, & l'un d'eux fera
marcher la manivelle, qui donnera le
mouvement aux trois roues & à la vis,
qui pouſſera le mouton, les coins &
le mulet contre le marc.

Le maître Preſſureur aura ſoin de
ne point trop laiſſer ſortir la vis de ſon
écrou, de peur qu'elle ne torde ; c'eſt
une précaution qu'il faut avoir pour
toutes ſortes de Preſſoirs. Quand il
verra que la grande roue approchera
es extrémités des flaſques de quelques pouces, il détournera cette roue

après l'avoir dégagée de l'axe de la
moïenne roue, de la façon que nous
l'avons déja dit. Il remettra encore
quelques coins, & aïant remis l'axe en
fa pofition ordinaire, il tournera la
roue, & enfuite la manivelle. De cette
feule ferre, il tirera du marc tout le
vin qui doit compofer la cuvée qu'il
renfermera à part dans une cuve ou
grand barlon, dont je parlerai à la
fuite de cet ouvrage, & de la façon
que je le dirai.

Cette ferre finie, il defferrera le
preffoir, ôtera un coin, reculera le
mulet de l'épaiffeur de ce coin, & fera
par ce moïen un vuide entre le mulet
& le marc ; ce qui s'appelle faire la
chambrée : il retirera les brebis, les
mouleaux & les planches à couteau,
après quoi il levera avec une griffe de
fer à trois dents.* la fuperficie du marc   * Fig. 5.
à quelques pouces d'épaiffeur qu'il   pl. 4.
rejettera dans la chambrée, & qu'il y
entaffera avec une petite pilette de

quatre pouces d'épaisseur sur autant de largeur & sur huit pouces de lon- gueur * : il emplira cette chambrée au niveau du marc, ensuite de quoi il le recouvrira, comme ci-devant, des planches à couteaux, des mouleaux & des brebis, & donnera la seconde serre comme la premiere. Trois ou quatre serres données ainsi, suffisent pour dessecher le marc entierement.

* Fig. 3. pl. 4.

Le marc ainsi pressé dans les six parties de son cube, le vin s'écoule par les trous des flasques & du plancher, se répandant sur les maïes, & ensuite par la goulette sous laquelle on aura placé un petit barlon pour le recevoir.

Pour empêcher le vin qui passe par les trous des flasques, de rejaillir plus loin que le bassin, & le Pressureur de salir, de la boue qu'il peut apporter avec ses piés, le vin qui coule sur le bassin, on pourra se servir d'un tablier fait de volille de bois blanc *, comme

* Fig. 8. pl. 4.

le plus leger & le plus facile à manier,
qu'on mettra contre les flasques devant & derrière le coffre, & qui cou-
vriront le bassin.

Les deux ou trois dernieres serres
donneront ce qu'on appelle le *Vin de
taille & de pressoir*, ou de *derniere
goutte*, il faut mettre à part ces deux
ou trois especes de vin, pour être chacune entonnée séparément dans des
poinçons.

Je préviens le maître Pressureur,
que quand il aura desserré son Pressoir, il aura de la peine à faire sortir
les Brebis de leur place, à cause de la
forte pression ; c'est pourquoi je lui
conseille de se pourvoir d'une masse
de fer * pour les chasser & retirer. Le   Fig. 4. pl. 4.
marc étant entierement desseché &
découvert, on le retirera du coffre ;
on se servira pour l'arracher, d'un pic
de fer *, de la griffe dont j'ai déja par-   * Pl. 4. Fig.
lé *, & de la pêle ferrée *.   5, 6, 7.

Supposé qu'on se serve de ce Presfoir à coffre, on peut égrapper à fait les raifins dans les tonneaux ; ce qu'on ne peut faire en fe fervant des autres preffoirs fur lefquels une partie des grappes eft néceffaire pour lier le marc, qui, fans ce fecours, s'échapperoit de toutes parts à la moindre compreffion.

En égrappant à fait ces raifins dans le tonneau ou dans la cuve, on pourroit les laiffer cuver plus longtems : on n'auroit plus lieu de craindre que la chaleur de la cuve ou des tonneaux, emportant la liqueur acide & amere de la queue de la grappe, la commuque au vin, ce qui rendroit le goût infupportable.

Tout efpece de vin, furtout le gris, demande d'être fait avec beaucoup de promptitude & de propreté, ce qui ne fe peut facilement faire fur tous les preffoirs dont il eft parlé ci-devant, les Preffureurs amenant avec le pié beaucoup de faleté & de boue qui

se répandent dans le vin ; ce qui
y cause un dommage plus considérable qu'on ne pense, surtout pour le
Marchand qui l'achete sur la lie, comme les vins blancs de la riviere de
Marne, où ce défaut a plus lieu que
par tout ailleurs.

Les Forains ou Vignerons de la riviere de Marne diront tant qu'il leur
plaira, que le vin, trois ou quatre
jours après qu'il est entonné, jette en
bouillant ce qu'il renferme d'impur.
Ils ne persuaderont pas les personnes
les plus expérimentées dans l'art de
faire du vin, qu'il puisse rejetter cette
boue, la partie la plus pesante & la
plus dangereuse de son impureté : cela
est impossible.

Peut-être ceux d'entr'eux qui se
flattent & se vantent de mieux composer & façonner leur vin, repliqué-
ront-ils qu'ils mettent à part la premiere goutte qui coule depuis le moment qu'ils ont fait mettre le vin sur

le preffoir, jufqu'à l'inftant auquel on donne la premiere ferre, & qu'ils ne fouffrent pas que cette premiere goutte entre dans leur cuvée. On veut bien les croire ; mais combien y a-t'il de gens qui prennent cette fage & prudente précaution ?

On évite ce danger, cet embarras, cette perte prefque totale de la premiere goutte de ce vin, qui ne doit dans ce cas trouver place que dans les vins de détour, en fe fervant du preffoir à coffre. Il eft encore d'une très grande utilité pour les vins blancs : quoi de plus commode ? On apporte les raifins dans le coffre avec les paniers ou barillets ; on n'en foule aucuns au pié, on les range avec la main. On pofe des planches de volille devant & derriere le coffre, & deffus les maïes, ce qui forme ce que nous appellons tablier, dont nous avons parlé ci-devant, & fuivant la Figure 8, planche 4, de façon que les Preffureurs marchent deffus.

deſſus ces planches, & que le vin s'é-
coule deſſous elles, ſans qu'aucunes
ſaletés puiſſent s'y mêler, & que celui qui ſort des trous des flaſques puiſſe incommoder ni rejaillir ſur les ouvriers.

A l'égard des autres Preſſoirs, on eſt
obligé de tailler à chaque ſerre le
marc, avec une beche bien tranchan-
te ; la grappe de ce raiſin étant donc
coupée, elle communique au vin la
liqueur acide & amere qu'elle renferme, ce qui le rend acre, ſurtout
dans les années froides & humides.

Dans l'uſage du Preſſoir à coffre, on
ne taille pas le marc ; on ne tire par
conſéquent que le jus du raiſin : on ne
doit pas douter que la qualité du vin
qu'on y fait, ne l'emporte de beaucoup ſur toute autre, joint à ce que le
vin ne rentre pas dans le marc, & qu'il
eſt fait plus diligemment.

Manœuvre du Preſſoir à double coffre.

Les opérations ſont les mêmes que celles du ſeul coffre, à la différence qu'elles ſe font alternativement ſur les deux coffres ; c'eſt-à-dire qu'en ſerrant l'un on deſſerre l'autre, & que tandis que celui qui eſt ſerré s'écoule, ce qui demande un bon quart-d'heure, on travaille le marc de l'autre coffre, de la façon que je l'ai dit précédemment.

Ce double Preſſoir ne demande point une double force, c'eſt pourquoi il ne faut pas davantage de Preſſureur que pour le ſeul coffre, & cependant il donne le double de vin. Ces opérations demandent une grande diligence. Moins le vin reſtera dans le marc, meilleur il ſera.

Il ne faut pas plus de deux ou trois heures pour le double marc, au lieu que dans l'uſage des Preſſoirs à pierre ou à teſſons, & de tous autres, il faut dix-huit à vingt heures pour leur donner une preſſion ſuffiſante.

Pour donner cette preſſion aux Preſ-ſoirs à pierre ou à teſſon, il faut quel-quefois dix à douze hommes ; pour les étiquets, s'ils ont une roue vertica-le, quatre hommes ; au lieu que pour celui-ci deux ſeuls ſuffiſent.

Sur les gros Preſſoirs, un marc au-quel en le commençant on donne ordinairement deux piés, ou deux piés & demi d'épaiſſeur, ſe réduit à la fin de la preſſion à moitié ou un tiers au plus d'épaiſſeur, c'eſt-à-dire à quin-ze ou douze pouces au plus ; & ſur les preſſoirs à coffre, la force extraordi-naire qu'on emploie dans ſa preſſion, réduit le marc de ſept piés de lon-gueur, à quinze ou dix-huit pouces de longueur. Je parle ici de longueur, au lieu d'épaiſſeur, parceque la vis preſſant verticalement dans le coffre, au contraire des autres Preſſoirs qui preſſent horiſontalement, je dois mefurer la preffion par la longueur, qui fimule l'épaiffeur dans tous les autres Preffoirs.

Il eft certain, & les perfonnes qui en feront ufage, éprouveront que fur un marc de douze à quinze pieces de vin; il y a dans l'ufage de celui-ci, par la forte preffion, une piece, où au moins une demie piece de vin à gagner. Cela indemnife des frais du preffurage & au-delà.

Il y a encore beaucoup à gagner pour la qualité du vin, qui ne croupit pas dans fon marc, & n'y repaffe pas. Cela mérite attention, Joint à ce qu'avec deux hommes on peut faire par jour fur ce double preffoir, fix marcs qui rendront chacun quinze poinçons de vin par chaque coffre, ce qui fera en tout cent quatre-vingts poinçons; au lieu que fur les autres Preffoirs on ne peut en faire que quinze ou vingt pieces par jour, fi l'on veut que le le marc foit bien égoûté. Il fuffira de

faite travailler les Pressureurs depuis
quatre ou cinq heures du matin jusqu'à dix heures du soir. Ils auront un
tems suffisant pour manger & se reposer entre chaque marc. Ainsi celui
qui se sert des Pressoirs à pierre ou
à tesson, ne peut faire ces cent quatre-
vingt poinçons, à vingt par jour, qu'en
neuf jours : neuf journées de douze
hommes, à trois livres par jour tant
pour salaire que nourriture de chacun
des douze hommes, font trois cens
cens vingt-quatre livres ; au lieu qu'u-
ne journée de deux hommes à même
prix, ne fait que six livres. Ne dé-
penser que six livres au lieu de trois
cens vingt - quatre , voilà un avantage considérable de se servir de ce
nouveau pressoir, sans parler de la
meilleure qualité & de l'augmentation de la production, qui font un bénéfice très grand. Un Propriétaire d'un
lot de Vigne considérable , doit être
persuadé que ces trois objets suffisent

pour l'indemniſer dès la premiere année de la dépenſe d'un ſemblable
Preſſoir.

Fin des Vendanges , Preſſurage &
Entonnage des Vins.

Il y a des précautions à prendre
pour la conſervation des Preſſoirs,
cuves, barlons , & autres vaiſſeaux
& inſtrumens qui y ſervent. Toutes
ces opérations finies, on doit bien laver le Preſſoir & tout ce qui en dépend ; le frotter avec des éponges,
ainſi que les cuves & autres vaiſſeaux
qui reſtent ouverts pendant toute l'année, & les bien laiſſer ſecher avant de
les renfermer.

Quant aux barlons fermés à double
fond, il faut les laver & rincer en les
roulant, & agitant beaucoup. On peut
même ſe ſervir d'une eſpece de mar-
tinet, qui eſt un bâton d'un pouce de
diametre, de quatre piés de longueur,
au bout duquel on attache un nombre

suffisant de petites cordelettes plus ou
moins longues l'une que l'autre , qui
ont à leurs extrémités de petites lames de fer. On fait passer ce marti-
net par l'ouverture du fond ; on le fait
descendre jusqu'en bas du vaisseau ,
& en lui faisant parcourir toute l'é-
tendue des fonds & des côtés , on en
détache plus facilement la lie. A l'é-
gard des tonneaux ou trentains , on
peut les laver, frotter & bien rincer
étant défoncés, & les renfoncer après
les avoir fait bien sécher. Il faut être
soigneux d'en boucher exactement
toutes les ouvertures. Après avoir pris
ces précautions, on peut les renfermer
dans la hale du pressoir. Enfin on n'y
doit rien renfermer qui ne soit net &
bien sec, de crainte de la moisissure :
il faut encore avoir soin de laisser
beaucoup d'air au Pressoir, en y pra-
tiquant plusieurs fenêtres fermées seulement de barreaux de fer ou de bois.

CHAPITRE XII.

De la façon d'entonner les Vins.

Entonner les Vins promptement,
donner à chaque poinçon une même
quantité de vin fans pouvoir nullement fe tromper, & d'une qualité
parfaitement égale, en entonner trente ou quarante pieces en un efpace de
tems auffi court que pour entonner
une feule piece, & par une feule &
même perfonne, fans agiter le vin
nullement, fans pouvoir en répandre
aucunement, & en le préfervant de la
corruption de l'air ; c'eft, j'ofe l'affurer, ce qu'on n'a pas encore vu jufqu'ici, & qui fembleroit impoffible :
& ce que je vais cependant démontrer fi fenfiblement, que je fuis perfuadé que mon Lecteur n'appellera
pas de ma differtation à l'expérience.

Perfonne ne doit ignorer que l'air

& la lie font la pefte du vin, comme nous le dit M. Pluche, dans fon Spectacle de la Nature, *Tome II*, p. 308. On ne doit donc pas négliger de l'en garantir le plutôt qu'il eft poffible. Je vais donner des regles, pour prévenir le premier de ces inconvéniens : je déduirai les moïens de prévenir l'autre dans la derniere partie de ce Traité, fur le gouvernement des Vins.

La façon ordinaire, que je ne puis me difpenfer de blâmer, fe pratique, à-peu-près du moins mal au mieux poffible, dans chaque Vignoble du Roïaume. Le vin de cuvée coulant du Preffoir dans un moïen barlon entierement découvert, & qu'on place fous la goulette, les uns le tirent de ce barlon à mefure qu'il fe remplit, avec des feaux de bois; les autres avec des chaudrons de cuivre, qui, faute d'être bien récurés chaque fois qu'on ceffe de s'en fervir, communiquent leur verd-de-gris au vin dont on remplit les poinçons, le tranfportent dans un grand barlon auffi découvert, ou dans plufieurs autres moïens vaiffeaux, fuivant leurs commodités : ils tirent enfuite, & de la même façon, du barlon de la goulette, les vins de taille & de preffoir, les tranfportent pareillement dans d'autres vaiffeaux, chacun en particulier.

Les vins de cuvée, de taille & de preffoir faits, les Preffureurs les tranfportent, d'abord celui de cuvée & enfuite les autres, dans le cellier; & les entonnent dans des poinçons rangés fur des chantiers couchés fur terre, & fouvent peu folides.

Un homme au barlon emplit les hottes (a); deux autres les portent au cellier, & les verfent dans de grands entonnoirs de bois placés fur les poinçons, & en portent dans chaque hottée deux ou trois feaux; lefquels feaux peuvent contenir chacun envi-

_____

(a) Ces hottes font faites de planches de fapin; on les nomme, en Champagne, des Dandelins.

ron treize à quatorze pintes, mesure
de Paris ; un autre se tient au cellier
pour changer les entonnoirs à mesure
qu'on verse une hottée dans chaque
poinçon, & il a soin de marquer chaque hotée sur la barre du poinçon pour
ne se pas tromper ; ce qui leur arrive
cependant fort souvent. Quand les
deux porteurs de hottes ont versé chacun une hottée de vin dans chaque
poinçon (cela s'appelle en Champagne
faire une virée), ils recommencent une
autre virée dans les mêmes poinçons,
& ils continuent de même jusqu'à ce
que tout le vin soit entonné. Si après
une premiere, seconde, ou troisieme
virée, il reste quelque vin dans le
barlon, & qu'il y ait encore quelques
moïens vaisseaux à vuider, & dont
le vin doive être entonné dans les mêmes poinçons, le Pressureur placé au
barlon, verse le vin de ces moïens
vaisseaux dans le grand barlon, &
avec une pêle de bois le remue forte-

ment pour le bien mélanger avec celui qui étoit resté dans le barlon ; ensuite ils continuent leurs virées jusqu'à ce que tout le vin soit entonné. Ils en usent de même à l'égard des Vins de taille & de pressoir. Les uns emplissent leurs poinçons à un pouce près de l'ouverture, pour leur faire jetter dehors toute l'impureté dans le tems de la fermentation. Les autres ne les emplissent qu'à quatre pouces au-dessous de l'embouchure, pour les empêcher de jetter dehors. Nous dirons par la suite lequel de ces usages vaut le mieux.

Voilà l'usage des Champenois pour l'entonnage de leurs Vins. Je demande si dans tous ces différens transports, ces changemens & reversemens d'un vaisseau dans un autre, le vin n'est pas étrangement battu & fatigué ? si on n'en répand pas beaucoup ? si le grand air qui frappe sur ces grands & larges vaisseaux entierement découverts, ne diminue pas la qualité du vin ? si le

mélange en eſt bien fait ? ſi on peut
s'aſſurer que chaque poinçon contient
une qualité parfaitement égale ? n'ar-
rive-t'il pas quelquefois que le Preſſureur, chargé du ſoin de l'entonnoir,
oublie de le changer, & laiſſe verſer
deux hottées d'une même virée dans
un même poinçon ? ce qui le fait différer de qualité d'avec les autres, &
ce qui en fait perdre une partie, qui
ſe répand faute de s'être apperçu de
cette erreur. Le moïen de ſe parer de
ces inconvéniens, eſt de ſuivre la maxime que je vais preſcrire.

On peut préſerver le vin de la corruption que l'air lui occaſionne, dès le
moment que le Vin ſortant du preſſoir
par la goulette 1, *Planche 6*, ſe répand dans le barlon 2. Pour y parvenir, il ne s'agit que de lui donner un
double fond ſerré dans ſon garle, à ſix
pouces au-deſſous du bord d'en haut.
Quand ce barlon eſt plein, on bouche
l'ouverture 3 du fond par lequel le

Vin y entre, avec une quille de bois de frêne : alors avec le foufflet 4, qu'on place à l'ouverture 5 du fond de ce barlon, on en fait fortir chaque fois qu'il eft plein, le vin qui s'éleve dans le tuïau de fer blanc 6., & qui coulant le long de ce tuïau, fe répand, comme on le voit, par un entonnoir 7, dans un grand barlon 8., fermé auffi d'un double fond, à deux pouces près du bord, & contre-barré deffus & deffous par une chaîne de bois à coin 9.

Pl. 4 & 6.

Je ne prefcris pour le barlon de la goulette les fix pouces de diftance du double fond au bord d'en haut, que pour fe conferver un efpace fuffifant pour contenir le Vin qui fort de la goulette, pendant qu'on foule par le moïen du foufflet, celui du barlon, pour l'en faire fortir & le conduire par le tuïau dans le grand barlon. Ainfi cette diftance de fix pouces eft abfolument néceffaire.

Quand tout le vin qui doit composer la cuvée eſt écoulé dans le grand
barlon, on le bouche pareillement
avec le même ſoufflet. On retire l'entonnoir 7, & l'on bouche avec une
quille de bois l'ouverture dans laquelle il entroit. On fait ſortir de ce
barlon le vin, qui, s'élevant dans le
tuïau 10 qui y communique, ſe répand en même-tems & également
dans chacun des poinçons, par l'ouverture des fontaines qui ſont jointes à
ce tuïau, & dont les clefs ne s'ou-
vrent qu'autant que la force de la preſſion l'exige, pour qu'il n'entre pas
plus de Vin dans un vaiſſeau que dans
l'autre, tout enſemble.

Pour parvenir à cette juſte & égale
diſtribution de Vin dans chaque poinçon, il faut obſerver que le Vin qui
coulé du tuïau 10, *planche 6*; & s'é-
coulant dans le même tuïau, à droite
& à gauche, *même planche & planche*
4, doit tomber avec plus de précipi-

tation par la fontaine du milieu 1;
que par ses deux voisines de droite &
de gauche, 2 & 3 ; & plus à proportion
par ces deux dernieres, que par celles
qui les suivent 4 & 5 ; de même que
ce vin trouvant une résistance aux extrémités fermées X de ce tuïau , doit
couler plus précipitamment par les
fontaines 8 & 9 , que par celles 6 & 7,
par lesquelles le vin doit couler un
peu moins vîte que par les 4 & 5.
C'est pour parvenir à cette égale distribution , que nous avons adjoint à ce
tuïau, des fontaines dont on ouvre plus
ou moins les clefs. Ces clefs étant suffisamment ouvertes à chaque fontaine , suivant l'expérience qu'on en aura
fait pour cette distribution , l'on les
arrêtera & fixera au point où elles sont,
avec un fil de fer , soit par la soudure,
afin qu'elles ne changent plus de si-
tuation , & qu'on soit assuré que chaque fois qu'on s'en servira , elles auront le même effet.

Il eſt facile de remarquer que l'entonnage ſe fait de cette maniere, en
même-tems dans chaque poinçon,
avec une égalité des plus parfaites,
puiſque le vin qui s'y répand, prend
toujours ſon iſſue du même centre de
ce barlon.

Il faut, comme on l'a déja dit, laiſſer à chaque poinçon quatre pouces
de vuide, ſuivant la grandeur, largeur & profondeur qu'on donnera au coffre du preſſoir, & qui fixe-
ront la quantité de vin de cuvée
que le preſſoir pourra rendre : on ſe
réglera, pour donner la contenance,
au grand barlon ; & ſi l'on donne, par
exemple, à ce barlon la contenance
de douze, quinze ou dix-huit poinçons, on donnera au tuïau douze,
quinze, ou dix-huit fontaines, & au
chantier 11, la longueur ſuffiſante pour
tenir douze, quinze ou dix-huit poinçons de front. On donnera à ce chan-
tier la forme qu'il a, *fig.* 1. *pl.* 4 & *pl.* 6.

Il eſt encore à propos d'obſerver que
ſi le marc renfermé dans le preſſoir,
ne peut rendre autant de vin que le
grand barlon en peut contenir. Quelquefois on n'a de vendange que pour
faire trois, quatre ou cinq pieces de
vin, plus ou moins, parcequ'elle eſt
compoſée d'une qualité de raiſin qu'on
veut faire en particulier, & qu'au lieu
de la quantité ordinaire, on n'ait que
quatre ou cinq poinçons de vin à emplir, on n'en couchera ſur le chantier
que cette quantité; c'eſt-à-dire que ſi
on en couche cinq, celui du milieu
ſera placé ſous la fontaine du milieu 1.
& deux autres à ſa droite ſous les fontaines 2 & 4. & les deux autres ſous
celles 3 & 5., & ainſi du reſte pour le
ſurplus quand le cas y écheoit; par ce
moïen on emplit également chaque
vaiſſeau.

Tout le vin étant ainſi entonné, on
bouche d'un tampon de bois de frêne
chaque poinçon, qu'on met à l'inſtant

en bas du chantier, & l'on conduit ces
poinçons dans un cellier, où on les
range de fuite fur d'autres chantiers
de la même forme que le précédent, à
la différence qu'ils n'ont point les
deux montans 1 2, qu'ils ont en la Figure 1, planche 4. On donne auffi-tôt
à chaque poinçon un coup de foret,
pour les empêcher de pouffer leurs
fonds, & quelquefois de crever. On
peut laiffer le trou de foret ouvert,
jufqu'à ce que la fermentation foit finie, ou du moins toutes les nuits, en
bouchant pendant le jour : après quoi
on marque chaque cuvée d'une lettre
alphabétique ; comme A, pour la premiere cuvée ; B, pour la feconde, &
ainfi des autres : on marque auffi le
nombre que la cuvée contient, en fe
fervant de chiffres romains, comme
A-XV., qui fignifie premiere cuvéee
de quinze pieces. B-XII.— qui fignifie feconde cuvée de douze pieces &
demie. La ligne tirée en travers, com-

me ci-deſſus, ſignifie un cacq, quarteau, ou demie piece ; celle tirée
comme ↘, ſignifie demie càcq, demi quarteau, ou quart de piece.

On peut, après cela, avoir dans ſon
cellier un état à colomne, qui dénote
chaque cuvée par ſa lettre alphabétique, le nombre de poinçons, le nom
du terroir ou canton d'où provient
le vin de chaque cuvée, & le prix
qu'on prétend vendre ce vin. Pour
le nom du terroir & le prix, on peut
ſe ſervir de marques ſecretes, comme
font les Marchands pour leurs mar-
chandiſes.

Je ne prétends pas par-là approuver
la conduite de certaines gens qui vendent à un Etranger un vin d'un terroir beaucoup inférieur en qualité à
celui qui lui eſt déſigné par l'Acquéreur, pour celui qu'il lui déſigne.
C'eſt une tromperie qui n'eſt pas per-
miſe, & qui n'eſt aujourd'hui que
trop commüne. Cette marque ſecrete

ne doit fervir au Vendeur que pour
éviter un évenement qui lui devien-
droit préjudiciable , quand l'Acquéreur s'appercevant , par cet état, que
le vendeur a une cuvée de vin d'un
terroir fupérieur , par la renommée,
en qualité, à celui qu'il vouloit acheter, demanderoit à le goûter ; ce qu'il
ne pourroit gueres lui refufer. Cet
Acquéreur trouvant le dernier vin
bien fupérieur , & ne pouvant y mettre le prix, fe dégoûte du premier par
prévention, & pour lors ne prend ni
l'un , ni l'autre. Il arrive delà que
le Vendeur échappe la vente de fes
Vins.

CHAPITRE XIII.

Quels Vins, dans le cas de néceffité, on peut laiffer expofés à l'air ? & quels font ceux qu'on doit abfolument mettre à couvert dans des Celliers ?

L E travail des Vins eft fi confidérable, il demande tant de tems & d'emplacement, que fouvent un Propriétaire de Vignes manque de places fuffifantes en ce tems pour mettre tous fes Vins à couvert, & qu'il fe trouve obligé de les expofer à l'air dans une cour, ou dans un jardin.

On eft tellement perfuadé, & avec raifon, que le grand air corrompt & diminue la qualité du vin, que ceux qui fe trouvent obligés, faute d'un emplacement fuffifant, d'expofer partie de leur vin à l'air d'une cour, ou d'un jardin, n'y placent que leurs vins les plus inférieurs en qualité. Je dis qu'ils fe trompent, que ce font plutôt, dans ce cas de néceffité, les vins les plus fermes, les plus forts qu'il faut y expofer, pourvu qu'on les mette à l'abri du Midi & du Couchant, & que certainement fi on y expofe les moindre Vins, les Vins les plus foibles, pour peu qu'ils y refteront, ils perdront totalement le peu de qualité qu'il leur refte. Il y a plus à craindre de l'expofition à l'air, que de la pluie & de la gelée.

On met les Vins en cave pendant l'Eté, pour les mettre à l'abri de la chaleur & les tenir au froid, & comme elles font extrêmement chaudes pendant l'Hiver, on a foin de remonter ces vins, à la fin d'Eté, dans les Celliers, pour y refter pendant cette faifon. On voit, par expérience, que ces Vins mis en cave, acquèrrent une qualité bien fupérieure à celle qu'ils avoient auparavant. Sans

en pénétrer la caufe, on conclut dé-
cifivement delà que la fraîcheur des
caves opere feule cet effet. Il eft bien
certain qu'elle y coopere beaucoup;
mais le grand froid qui pénetre pendant l'Hiver dans les celliers , ne
devroit-il pas produire le même effet ? Point du tout ; l'expérience le
prouve, comme on va le voir.

Peut-être , me répliquera-t-on , le
vin forti du cellier & mis en cave ,
acquiert par l'âge une qualité plus
parfaite. Il n'eft donc pas étonnant
qu'on l'y trouve meilleur. Cela eft
vrai; mais ce Vin remonté de la cave
à la fin de l'Eté , pour être remis au
cellier pendant l'Hiver , aura encore
acquis de l'âge. Qu'on le goûte au
bout d'un mois, on trouvera qu'il aura
un peu dégénéré de cette qualité qu'il
a acquife à la cave. A quoi peut-on
donc attribuer ce changement? finon
à une certaine privation d'air, ou plutôt au défaut d'une certaine circulation

tion de ce même air, occasionné par la profondeur de ces soûterrains ; car il n'y a point d'espace qui ne contienne de l'air, à moins que l'aïant fermé hermétiquement, on ne l'en ait pompé. On a tort d'attribuer au défaut d'air, l'extinction d'une lumiere dans les soûterrains les plus profonds, elle n'a point d'autre cause que le défaut de circulation.

Il est bien prouvé que le grand air corrompt le vin, & en altere la qualité ; il est également certain qu'il en diminue la quantité, & qu'on peut le garantir de cet inconvénient. C'est ce que je vais démontrer, avant de finir la seconde partie de cet ouvrage.

Je ne propose aucun système, que je n'offre d'en démontrer l'effet réel par l'expérience. L'air pénétrant dans un poinçon par les pores du bois qui font fort ouverts, frappe toute la superficie du vin, & en diminue la quantité, plus ou moins, selon que la force du vin le permet & lui fait résistance. On peut remarquer qu'un poinçon de vin fait, c'est-à-dire à commencer en Janvier, consomme par mois environ deux bouteilles de vin; que deux demi-pieces de même vin, séparées, en consomment un peu davantage, & autant en augmentant, à proportion qu'on le renferme en de plus petits vaisseaux.

Peu de personnes font ces observations, qui sont cependant bien intéressantes. Un demi quarteau de vin, contient moins d'esprits qu'un quarteau; un quarteau en contient moins qu'une piece, & une piece, infiniment moins qu'une foudre ; par conséquent beaucoup moins de résistance de la part du vin contenu dans un petit vaisseau, que dans un grand. L'air frappant une plus grande superficie sur un petit vaisseau, à proportion de sa contenance, que sur un grand, non-seulement en diminue la quantité ; mais en altere davantage la qualité.

Pour s'affurer de cette vérité, qu'on remplisse, un jour marqué, une piece, un cacq & un demi cacq d'une même cuvée. Qu'au bout d'un mois on remplisse encore ces trois mêmes vaisseaux, & que pour cela on se serve de bouteilles de même contenance ; ou plutôt, pour plus grande certitude, qu'on pese le vin qu'on y doit verser ; on verra par l'emploi, l'effet de ce que j'avance : voilà pour la quantité.

Pareillement, qu'on pique une piece, un caq, & un demi caq de vin d'une même cuvée ; qu'on tire de la piece quatre verres de vin, qu'ou réunira pareillement en un ; du cacq deux verres, qu'on réunira pareillement en un, & du demi cacq un autre verre ; qu'un habile gourmet fasse la déguftation de chacun de ces verres de vin, il reconnoîtra & avouera, s'il veut être de bonne-foi, que le vin

H iij

forti de la piece, vaut mieux que celui du cacq, & celui du cacq, mieux
que celui du demi cacq : & s'il pouvoit faire cet effai fur une foudre & un
poinçon, il verroit que le vin de la
foudre feroit une efpece d'eau-de-
vie, en comparaifon de celui du poinçon : voilà pour l'altération de la qualité.

Il n'y a perfonne qui ne foit convaincu, par l'expérience, qu'un vin
renfermé dans une bouteille de verre
fermée hermétiquement d'un bouchon
de liège, dont les pores font refferrés
par la chaffe qu'on lui donne en le
frappant, & par le goudron dont on
couvre l'embouchure, & couchée fur
terre de façon que le vuide qu'on laiffe
fe trouve dans le corps de la bouteille,
& non au bout du col, n'eft plus fuf-
ceptible des effets de l'air, que non-
feulement le vin y conferve fa qualité
un long nombre d'années, qu'il n'y
formé plus aucun dépôt, s'il y a été

renfermé bien purifié; mais même
qu'une vingtaine d'années ne suffit
point pour en diminuer la quotité
d'une cent vingtieme partie.; au lieu
qu'un poinçon de vin produit chaque
année beaucoup plus de lie; & que
non compris ce qu'en confume la fermentation dans les trois premiers
mois de l'année , & le tirage au clair , il
diminue en dix années à deux bouteilles par mois, de fon entiere quotité : en voici la raifon. Le verre eft
une matiere fi compacte & dont les
pores font fi refferrés, que l'air ne
peut facilement y pénétrer : les bouteilles ou cruches de terre cuite, ou de
grès , font le même effet, les pores en
font encore plus ferrés : auffi les Romains en faifoient-ils ufage autrefois·
Ils avoient de grands vafes de terre
cuite , dont la contenance étoit indé-
terminée; ils y renfermoient leurs vins
qu'ils gardoient ainfi un nombre d'années plus confidérable que nous ne

pouvons le faire dans nos bouteilles
de verre.

On voit encore de ces vafes de
terre dans les cabinets des Curieux
& des Savans, furtout dans celui des
Antiques de l'Abbaïe de Sainte Gene-
vieve de Paris.

Toutes ces obfervations prouvent
bien fenfiblement l'avantage qu'il y a
de garantir le Vin de la corruption de
l'air, en ne l'y expofant, & ne l'y in-
troduifant que le moins qu'il eſt poffible. Il feroit facile d'en garantir les
poinçons &.tous autres vaiſſeaux de
bois, en les poiſſant en dehors.

Fin de la feconde Partie.

TRAITÉ

SUR LA NATURE

ET

SUR LA CULTURE

DE LA VIGNE.

✠✠✠✠✠✠✠✠✠✠✠✠✠✠✠✠✠✠✠✠

TROISIEME PARTIE.

DU GOUVERNEMENT DES VINS.

Observations générales.

IL n'eſt point douteux que les différentes qualités du Vin, proviennent
de la diverſité des terroirs plus ou
moins favorables à la Vigne, ainſi que
des différentes eſpeces de ce Plant.
Nous voïons cependant, par expé-

rience, que fur les mêmes terroirs,
dans les mêmes lieux & aux mêmes
expofitions; quelquefois même que de
deux pieces de Vignes, l'une roïée, l'autre qui ne l'eft pas, un Particulier tirera
un Vin infiniment fupérieur à celui de
fon Voifin. Cette diverfité de qualité
femble donc dépendre d'une cueillette
faite à propos, d'un preffurage bien fait;
mais encore de la façon de gouverner
le vin, foit dans les celliers, foit dans
les caves. Il ne fuffit donc pas d'avoir
bien compofé fa cuvée, d'avoir bien
façonné fon vin, il faut encore favoir le gouverner, & le mettre à l'u-
fage que l'on veut.

Une regle générale qu'on doit fcru-
puleufement obferver pour toutes fortes de Vins, foit blanc, foit gris, foit
paillé, foit rouge, c'eft de lui conferver tout fon efprit & fon feu; il ne
faut pas fe contenter de bien boucher
tous les poinçons, pour garantir le Vin
de la corruption de l'air; il eft nécef-

faire de les remplir auſſi ſouvent qu'ils
en ont beſoin ; c'eſt-à-dire tous les
huit jours , depuis que le Vin eſt entonné , juſqu'à la Saint Martin de Novembre ; depuis la Saint Martin juſqu'en Janvier , tous les quinze jours ,
& le reſte de l'année , tous les mois
environ.

Il eſt encore intéreſſant de les remplir d'un vin pareil à la cuvée, ou du
moins qui ne lui ſoit pas inférieur,
pour lui conſerver ſa qualité. Tant que
dure la fermentation on ne court
point de riſque de remplir ſes poinçons d'un vin d'une qualité, même
d'une eſpece différente, pourvu, comme je viens de le dire , qu'il ne ſoit
point inférieur; parceque cette fermentation opere un mélange parfait. On
peut même en toute ſureté, pendant
ce tems , couper & mélanger différentes cuvées , pour renfermer en une
ſeule les différentes qualités qu'elles
ont chacune en particulier, on peut

être aſſuré de la réuſſite. Mais cette
fermentation ceſſée, ſoit qu'on coupe
ſes vins de différentes eſpeces, ſoit
qu'on les rempliſſe de Vins différens,
il ſera toujours impoſſible de leur
donner la qualité qu'on deſire, ni de
leur conſerver celle qu'ils ont.

Ce que c'eſt que fermentation.

Le Vin eſt un ſuc tiré par expreſſion, & enſuite dépuré & exalté par
la fermentation. Le Vin ſe dépure,
lorſqu'en fermentant actuellement, il
ſe décharge de ſes feux, & il s'exal-
te, parceque dans la fermentation
les eſprits ſe développent & ſe vola-
tiliſent.

Avant que le Vin fermente, on l'appelle *moût*, & ce moût fermenté,
les particules hérétogénes ſe ſéparent,
& celles qui ſont capables d'union
s'uniſſent enſemble, d'où la généra-
tion du vin s'enſuit ; c'eſt à-dire le
changement de la tiſſure du moût par
la fermentation.

Le moût étant bû, fermente facilement à caufe de fes particules hétérogenes, & produit des diarrhées, des dyffenteries, & des *colera morbus;* ce que ne fait pas le vin, qui enivre par fon efprit, qui fixe ou qui caufe des mouvemens irréguliers aux efprits de notre corps ; mais le moût n'enivre point, quelque quantité qu'on en boive, & cela vient de ce que fes particules font confondues, & ne font point encore exaltées en efprit.

La lie du vin fe fait des parties hétérogenes & immifcibles, qui fe féparent par la fermentation. Cette fermentation ceffera, s'il arrive qu'on jette de la limaille d'acier dans le moût. La raifon eft, que les particules acides du moût agiffant fur les corps de l'acier, les corrodent, & que pendant ce tems elles ne combattent point avec les particules contraires.

Il y a deux fortes de fermentations

H vj

qu'il faut ici distinguer , pour qu'on
ne s'y trompe pas : elles font des effets tous différens. La premiere, est
celle du Vin même ; cette fermenta-
tation qui se fait aussi-tôt que le Vin
fort du pressoir , & qui dure dans sa
force environ trois semaines , cette
fermentation , dis-je , est un mouvement perpétuel , & une espece de circulation des parties les plus subtiles
& les plus spiritueuses , lesquelles
étant embarrassées & comme enve-
loppées de quelques matieres épaisses
& grossieres , font effort pour les ra-
réfier & se mettre en liberté. Cette
action se fait par le moïen des esprits
& des principes volatils, qui dige-
rent & rarefient tellement les parties
grossieres du moût , qu'il en résulte
une liqueur parfaite.

La seconde fermentation , est celle
qui se fait dans le Vin , lorsqu'au
Printems la seve monte à la Vigne ,
& qu'elle se renouvelle vers le mois

d'Août. Cette féve coopere feule à
cette derniere fermentation , & n'a
aucune part dans la premiere. C'eft de
cette premiere fermentation que j'entends parler , & pendant laquelle feule
on peut faire avec fuccès le mélange
des vins , & laquelle ceffée , on n'en
doit plus attendre. Il eft aifé de s'affurer de la vérité de ce que j'avance par
l'expérience.

Que l'on tire par cette premiere fermentation d'une cuvée de vin , deux
ou trois boutèilles , & autant d'une
feconde qu'on veut couper avec la
premiere ; qu'on mélange une bouteille de chacune l'une avec l'autre ,
& qu'on diftingue ces deux bouteilles d'avec deux autres des mêmes
Vins qu'on ne coupera enfemble
qu'après que cette premiere fermentation fera abfolument éteinte,
c'eft-à-dire vers le mois de Décembre,
ou même de Janvier, on en verra
l'effet : on trouvera que ces deux Vins,

réunis enfemble en tems différens, auront aussi un goût & une qualité toutes différentes, & que le dernier coupé fera bien inférieur à l'autre.

Autrefois on étoit dans l'ufage de ne féparer les Vins de leur lie qu'après Pâque, au moment qu'on les mettoit en cave. Nos Ancêtres ne manquoient pas de faire rouler leurs Vins fur leur lie environ un mois après qu'ils étoient faits. Il y a encore des gens de notre tems qui fuivent le même ufage ; perfuadés qu'ils font, quoique fans aucun fondement, qu'en opérant de la forte, ils raniment les efprits du vin & en fortifient la couleur. Il eft aifé de les détromper & les faire revenir à un fentiment plus raifonnable.

Si pour ranimer les efprits du vin, il falloit le rouler fur fa lie, il faudroit être affuré que les efprits, en fe détachant du vin, fe retiraffent dans la lie ; & fi cela contribuoit à en fortifier la couleur, il faudroit dire que la lie, en s'abbaiſſant, emporteroit avec elle la couleur du vin. Deux expérien- ces vont prouver le contraire.

La premiere ſera de tirer par le ſecours d'une pompe aſſez longue pour atteindre le centre du poinçon, c'eſt-à-dire d'environ quinze pouces de longueur, le vin qui y eſt renfermé, & par le ſecours d'une autre pompe d'environ deux piés de longueur, aſ- ſez longue pour atteindre le fond du poinçon à trois pouces près, & en ti- rer le vin qui avoiſine la lie. Qu'on examine alors, & qu'on faſſe la con- frontation de ces deux vins, on con- viendra par la déguſtation & par le coup d'œil, que le vin ſorti du cen- tre du vaiſſeau, eſt plein de feu, qu'il a la vigueur de l'eau-de-vie, & que tout l'eſprit de vin réſide au centre de la maſſe : qu'au contraire le vin qui avoiſine la lie, eſt foible & ſans qualité ; que le vin, en un mot, tiré du centre, fera brillant & d'une couleur vive & foncée, & que celui du fond du poinçon fera louche & d'une fauffe couleur.

Pour convaincre davantage de ces effets celui qui en aura fait l'expérience, je lui propofe encore de mettre les deux effais de vin à l'air pendant deux ou trois jours, il verra que le vin tiré du centre, augmentera en couleur & deviendra encore plus brillant ; & que celui qui avoifinoit la lie, jaunira & deviendra trouble de plus en plus.

Nous avons dit ci-devant, que l'air étoit la pefte du vin, on peut le prouver par deux expériences.

1°. Qu'on tire de la même piece un verre de vin, & qu'on le laiffe à l'air fans le couvrir. 2°. Qu'on tire en même-tems du même vin dans une petite bouteille, qui ne contienne qu'environ la même quantité que le verre, & qu'on aura foin de bien boucher ; qu'au bout de deux ou trois jours on faſſe la déguſtation de ces deux eſſais, on verra que le vin qui aura été expoſé à l'air ſera aigre, au lieu que celui qui aura été mis dans la petite bouteille bien bouchée, aura acquis, non-ſeulement plus de qualité qu'il n'en avoit au moment qu'il avoit été tiré du poinçon, mais auſſi qu'il ſera augmenté en couleur & netteté.

De ces expériences on peut conjecturer conſéquemment, que les Marchands de Vin & Commiſſionnaires ſe trompent, dans l'idée qu'ils ont d'eſſaïer la qualité du vin, en le mettant à l'air, puiſqu'il peut corrompre le le vin plus parfait, l'eau-de-vie, & même l'eſprit de vin qui s'évapore: on pourroit, avec raiſon, conjecturer qu'ils ont plutôt intention, en opérant ainſi, de tirer du Propriétaire un marché plus avantageux.

Pour faire uſage des Pompes dont

j'ai parlé ci-devant, & par leur moïen tirer le seul vin contenu au centre du poinçon & celui qui approche de la lie, il faut boucher avec le doigt l'ouverture supérieure de la pompe, jusqu'à ce qu'on l'ait descendue jusqu'au centre ou jusqu'à l'approche de la lie. Alors on la débouche, en levant le doigt, elle s'emplit; lorsqu'elle est pleine, on la rebouche avec le doigt: par le moïen de cette pompe, on ne tirera que le vin qu'on voudra : autrement la pompe rameneroit le vin qu'elle auroit puisé depuis la partie supérieure du vaisseau jusqu'au fond.

CHAPITRE I.

De ce qu'on doit observer avant de déboucher un poinçon de Vin.

ZOROASTRE prétend qu'il faut soigneusement éviter le tems du lever des astres pour déboucher un poinçon de vin. Il prétend qu'au lever de ces aftres, il fe fait un mouvement dans l'air qui eft capable d'agiter le vin, d'en faire remonter la lie, & que par conféquent il ne convient pas dans ce tems de travailler le vin, & que fi on le travaille pendant le jour, on doit le faire à l'abri du foleil, de même que la nuit à l'abri de la lune : leur lumiere, felon lui, peut en altérer la qualité. Ce qui eft certain, & ce qu'on doit éviter en débouchant un poinçon de vin, c'eft de ne le pas faire trop précipitamment ; c'eft-à-dire qu'on doit mettre le doigt fur le tampon pour l'empêcher de fauter loin de foi, mais encore le tirer lentement pour empêcher l'air d'y entrer trop vîte, & d'agiter & troubler le vin.

CHAPITRE II.

Du tirage des Vins au clair, du tems propre pour les tranfvafer, & des différentes qualités de Vin renfermées dans un même poinçon de Vin.

LE même Zoroaftre recommande de ne tranfvafer les Vins, que lorfque les vents viennent du Nord, & défend de le faire lorfqu'il viennent du Midi. Il n'en dit pas la raifon, qui eft que le vent du Midi eft toujours chargé de beaucoup d'humide. Il eft certain qu'on ne peut tranfvafer des vins & les rendre bien clairs, que par un tems pur & bien férein, qui eft toujours celui qu'apporte le vent du Nord.

Le même Auteur prétend que fi on tranfvafe les Vins en Pleine Lune, il y a danger qu'ils ne tournent en vinaigre. Sotion & quelques autres Au-

teurs qui adoptent superstitieusement
les effets imaginaires, ou du moins
bien incertains, de la Lune, prescri-
vent de ne transvaser aucuns Vins,
que le premier & second jours de la
lune avant qu'elle paroisse sur notre
horison, & défendent de le faire
dans le tems de la fleur des roses,
mais surtout quand la Vigne commence à pousser. Dans le dernier cas je
suis de leur avis, parceque la séve
met le vin en mouvement & en remue la lie. L'expérience le prouve.
Nous voïons en Champagne des personnes qui, pour éviter les frais d'un
soûtirage, tirent sur la colle leurs
vins en bouteille qu'ils destinent à la
mousse, & les tirent dans la Pleine
Lune de Mars, qui est assez souvent
le tems de la seve de la Vigne; pour
lors ces sortes de Vins forment toujours un dépôt dans la bouteille; c'est
un avis que le Lecteur ne doit point
négliger, & dont il doit profiter.

Héfiode confeille à celui qui tranfvafe fes vins, de mettre à part le premier vin qui fort du poinçon, & celui qui fe trouve au fond du vaiffeau,
comme un vin foible & fans vertu. Il
entend par le premier vin, celui qui
occupe la partie fupérieure du vaiffeau; mais comme aujourd'hui on fe
fert pour cet effet d'une canelle qu'on
place au bas du poinçon, à deux pouces près du jable, on doit croire que
le premier vin qui en coule, eft celui qui approche de plus près la canelle, enfuite celui du milieu; & que
celüi qui occupe la partie fupérieure
ne fort que le dernier. Il eft aifé de le
prouver. Nous appercevons dans un
poinçon de vin, qui n'a pas été rempli depuis long-tems, une efpece de
pellicule blanche qui couvre la fuperficie du vin. Qu'on mette la canelle à ce poinçon & qu'on en tranfvafe le vin, on verra par expérience que cette pellicule ne fortira qu'a-

vec le dernier vin qui coulera de la canelle. Qu'on prenne de la lumiere, & qu'on obferve ce qui fe paffe dans le vaiffeau, on verra que tant qu'il y aura encore un demi pouce de vin dans le vaiffeau au-deffus de la canelle, cette pellicule ne rompra pas, furtout fi on a foin de ne pas fermer la canelle dans le tems du tirage. C'eft donc ce dernier vin, & celui qui fe trouve plus bas que la canelle, & qui ne peut s'écouler qu'en foulevant la partie poftérieure du poinçon, qu'il faut mettre à part. Le vin du centre du vaiffeau eft le meilleur; c'eft un vin fort & violent, & qui peut fe garder de très longues années. Celui de la partie fupérieure eft ordinairement fort foible, & celui qui approche la lie fe corrompt fort vîte, & tourne en vinaigre.

Hefiode nous dit :

Principio vafis faturum & fine effe jubemus,
In medio parcum.

La différence du vin dans ces différentes parties du poinçon, devient
bien sensible dans les vins mis en
bouteille. De là viennent les plaintes
si souvent réitérées de l'Etranger, qui
accuse celui qui les lui a envoïées, d'a-
voir composé le panier de bouteilles de
différentes sortes de vins, de bons,
de moïens, & partie de mauvais. Il
suffit qu'il ait goûté de deux ou trois
bouteilles, dont l'une qui sera sortie
du centre du poinçon, l'autre du haut,
& la derniere d'en bas, & qui feront
en effet trois qualités différentes,
pour former, selon lui, avec justice
son accusation. Essaïons de détromper
cet Etranger, & de faire cesser ses ac-
cusations contre le Vendeur qui agit
de bonne-foi.

La réputation des Marchands de vin
de Champagne y est plus interessée que
celle des Marchands de Vin de toutes
autres Provinces, la Champagne étant
presque la seule qui envoie ses vins en
bouteille

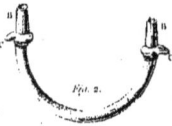

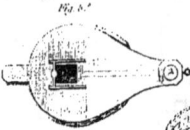

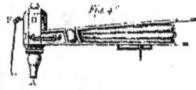

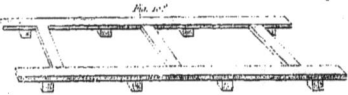

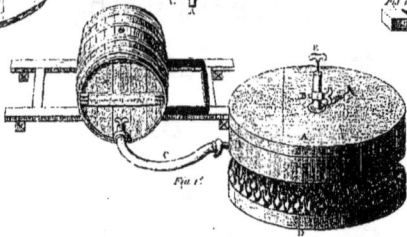

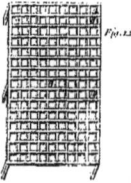

Fig. 7.ª

Fig. 8.ª

Fig. 2.

Fig. 5.ª

Fig. 4.ª

Fig. 6.ª

Fig. 9.ª

Fig. 11.ª

Fig. 10.ª

Fig. 3.ª

Fig. 1.ª

Fig. 12.

bouteille à l'Etranger, du moins une très forte partie. Il seroit difficile, cependant pas impossible, de rendre parfaitement égal le vin qui, sortant du poinçon, entre dans chaque bouteille, comme on rend égal le vin qui sortant de la cuve, entre ensemble & en même rems dans chaque poinçon, comme je l'ai enseigné au chapitre de *l'Entonnage des Vins*, pag. 152. seconde partie de cet Ouvrage.

Il s'agiroit de ranger en rond, assez près du poinçon, autant de bouteilles que le poinçon en peut contenir, & placer au-dessus de ces bouteilles un grand bassin A, *Fig. 1. pl.* 13, d'étaim ou de cuivre bien étamé, aïant sa forme ronde, de la même étendue que le cercle que forment les bouteilles, & fermé hermétiquement vers les parties supérieures & latérales, à l'exception de celle du dessous qui sera percée d'autant de trous extrêmement petits, qu'il y aura de bouteilles à

Tome II, L

remplir. A l'ouverture de chacun de ces petits trous , il y aura un tuïau d'entonnoir qui dirigera le vin dans le col de la bouteille. Au-dedans de chacun de ces tuïaux d'entonnoir , il y aura une foûpape qui fermera le paffage à l'air du dehors en pompant celui du dedans. Vers le milieu de ce baffin , il y aura un tuïau B , auffi d'étaim , qui renfermera un pifton qui fervira tant à pomper l'air du baffin , qu'à l'y introduire par le moïen d'une clé, telle qu'on la voit au corps de pompe de la machine pneumatique. Il y aura auffi un tuïau C de communication du baffin à la canelle du poinçon ; ce tuïau fera fait de cuir fort , coufu à double couture : il aura à fes deux extrémités un tuïau ou canon de bois, l'un inféré à vis dans le baffin , & l'autre en talus dans la canelle. On placera fous les bouteilles un grand baffin de plomb D , dont les bords feront élevés de deux pouces. Ce baf-

fin ainfi préparé & placé , on ouvre
d'abord la canelle du poinçon , on
laiffe couler le vin dans le grand baffin A ; le vin écoulé , on ferme la clé
de la canelle ; enfuite on éleve le
pifton E de la pompe , & l'on ouvre
la clé pour y introduire l'air , qui pe-
fant fur le vin , le fait defcendre également dans chaque bouteille. Voilà
le feul & fûr moïen d'introduire dans
chaque bouteille un vin égal en qualité.

Il eft à préfumer qu'on s'attachera à
avoir des bouteilles d'une égale conte-
tenance & élévation , cela eft d'une
néceffité indifpenfable. Quelques perfonnes qui chercheroient leur commodité , pourroient penfer qu'il feroit
indifférent de faire un baffin quarré,
au lieu d'un rond, pour y placer quarrément les bouteilles , & peut - être
même de le faire en quarré long,
pour fuivre la difpofition de la place. Je dois leur obferver qu'ils ne

réuſſiroient pas à emplir également
les bouteilles ; la figure ronde eſt abſolument néceſſaire pour cet effet.

Si l'on ſe mettoit en Champagne
ſur le pié d'entonner tous les vins
qu'on deſtine à tirer en bouteille, &
même tous les autres, dans des fou-
dres, comme en Allemagne & en
différentes autres Provinces, ou dans
de grandes cuves fermées bien hermétiquement, & qui continſſent cinquante ou ſoixante pieces de vin, on
feroit beaucoup mieux ; le vin en ſeroit meilleur ; il auroit plus de corps,
il s'évaporeroit moins ; il ſeroit moins
ſujet à l'évaporation de l'air, qui y pé-
nétreroit plus difficilement par les
pores du vaiſſeau dont les douves ſeroient fort épaiſſes, & il conſomme-
roit beaucoup moins de vin ; l'expérience eſt ſenſible. Qu'on tire du vin
d'une même cuve, qu'on l'entonne
partie dans un poinçon, partie dans un
quarteau, & partie dans un demi-

quarteau ; qu'on goûte ces vins au bout de quinze jours, ou un mois, le vin du quarteau se trouvera d'une qualité inférieure à celui de la pièce, & celui du demi quarteau à celui du quarteau : cela provient 1°. de ce que plus un vaisseau contient de vin, plus il renferme d'esprits. 2°. De ce que plus un vaisseau est petit, plus il a de superficie proportionnément à sa contenance, & par conséquent plus de pores par où les esprits du vin s'évaporent.

Bien plus, remplissez en un même jour ce poinçon, le quarteau & demi quarteau ; au bout de quinze jours ou d'un mois ouvrez ces trois vaisseaux le même jour, remplissez-les encore, vous éprouverez qu'il entrera, proportionnément à la grandeur du vaisseau, plus de vin dans le petit que dans le moïen, & dans le moïen que dans le grand. Cette expérience prouve clairement que plus un vaisseau est grand, & les douves par conséquent plus

épaiſſes, plus difficilement l'air péné-
tre à travers ſes pores ; & moins l'é-
vaporation ſe fait ſentir, moins il s'y
conſomme de vin. Cette expérience eſt
encore plus ſenſible à la bouteille,
comme nous l'avons fait voir au trei-
zieme & dernier chapitre de la ſeconde partie de cet Ouvrage.

On eſt aujourd'hui aſſez revenu de
l'uſage de ne ſéparer les vins de leur
lie, c'eſt-à-dire de ne les tirer au clair,
que vers le tems de Pâque, & de les
rouler ſur leur lie. Les perſonnes qui
nous paroiſſent les plus entendues dans
le gouvernement des vins, les font
tirer au clair depuis la fin de Novembre juſques vers le milieu de Décembre, d'autres en Janvier & Février :
il eſt vrai que vers la fin de Novembre la lie n'eſt pas encore entierement
abbaiſſée; mais on en ſépare au moins
la groſſe lie qui y eſt préjudiciable, &
qu'autrefois on laiſſoit écouler hors du
poinçon en bouillant ; ce qui s'ob-

ferve encore par quelques Particuliers de la Champagne, & régulierement dans tous les autres Vignobles du Roïaume, où l'on ignore la néceffité & l'avantage de tirer le vin de fa plus groffe lie, le plutôt qu'il eft poffible.

Le fecond tirage au clair doit fe faire dans le courant du mois de Février, & le troifieme vers le tems de Pâque, tems auquel on met les vins en cave; & chaquefois qu'on change les vins de place, foit qu'on les tranfporte des celliers dans les caves, foit d'une maifon dans une autre, foit enfin qu'on les envoie dans le Païs étranger, on ne doit jamais les remuer que préalablement on ne les ait encore tirés à clair. Quelques perfonnes penfent que de réitérer fi fouvent la tranf-vafion d'un vin, on le bat, on le fatigue, & qu'on en diminue la qualité : j'en conviens, quand on le tranfvafe à la façon des Marchands de Vin de

Paris, & de presque tous les Vignobles du Roïaume, c'est-à-dire en laif-
fant couler le vin de la canelle dans
un grand bassin, qu'on vuide ensuite
chaque fois qu'il s'emplit dans un
grand entonnoir placé à l'embouchure
du poinçon ; mais les Champenois,
furtout ceux des Vignobles de la Montagne de Rheims, toujours occupés à
de nouvelles & utiles recherches, &
exacts dans leur méthode, ont trouvé
déja depuis quelque tems le moïen
de parer totalement cet inconvénient.
Rien n'est fi curieux que le secret qu'ils
ont imaginé pour soûtirer leur vin
fans déplacer le poinçon : ce secret
s'est introduit, à leur imitation, dans
bien d'autres Provinces ; le voici.

On emploie d'abord un tuïau de
cuir A, *Fig.* 2. *pl.* 13, fait en forme
de boïau ; long de quatre à cinq piés,
gros par le tour d'environ fix à fept
pouces ; c'est-à-dire de deux pouces de
diametre, bien coufu tout le long

d'une double couture, afin que le vin
ne puisse pas couler à travers. Il y a
aux deux extrémités de ce boïau un
canon ou tuïau de bois B, long d'environ huit à dix pouces, gros de six
ou sept de circonférence par un bout,
& d'environ quatre par l'autre. Le
gros bout de chaque canon est en-
chassé dans le boïau de cuir, & bien
attaché avec du fil gros en dehors,
de sorte que le vin ne puisse pas fuir :
on ôte le tampon qui est au bas du
poinçon qu'on veut emplir, & l'on y
chasse avec un maillet de bois l'un des
canons qu'on frappe sur une espece de
mentonniere C, qui est à chacun de
ces canons, laquelle avance de près
de deux pouces, à un pouce au-dessus
du gros bout, & qui se perd insensi-
blement en allant vers le petit. On
met une grosse canelle de métal,
Fig. 3, au bas du poinçon qu'on veut
vuider, & l'on fait entrer de même
dans cette canelle le petit bout de

I v

l'autre canon de bois attaché au boïau
de cuir. On ouvre enfuite la canelle,
& fans le fecours de perfonne prefque
la moitié du tonneau plein paffe dans
le tonneau vuide par la pefanteur de
la liqueur. Dès qu'elle eft parvenue
prefqu'au niveau, & qu'elle ne coule
plus, on a recours à une efpece de
foufflet d'une conftruction toute particuliere, pour forcer le vin à quitter le tonneau qu'on veut vuider, &
à entrer dans celui qu'on veut emplir.

Ces fortes de foufflets, *Fig.* 4 & 5,
ont environ deux piés de long compris le manche, & dix pouces de largeur. Ils font conftruits & figurés à
la maniere ordinaire de tous foufflets
jufqu'à quatre pouces du petit bout;
mais à cette diftance le foufflet a encore trois pouces de largeur. En dedans de cet endroit, l'air ne paffe que
par un trou A, grand d'un pouce.

Auprès de ce trou, du côté du petit bout du foufflet, il y a une piece

de cuir comme une languette , ou foûpape B., qui y eft attachée & qui fe
ferre contre le trou , & le bouche
quand-on leve le foufflet pour prendre l'air., afin que cet air qui eft une
fois paffé par ce trou , & qui eft entré dans le poinçon ne puiffe pas revenir dans le foufflet , lequel ne re-
prend un nouvel air , que par le trou
C du deffous de ce foufflet pour le
remplir.

L'extrémité de ce foufflet eft différente des autres , étant fermée par
un canon de bois D., de huit pouces
de long , qui eft emboîté , collé , &
étroitement attaché par de bonnes
chevilles E , au bout du foufflet , pour
conduire l'air en bas. Ce canon eft
arrondi , & gros en dehors d'environ
neuf ou dix pouces de circonférence
par le haut , & diminue infenfible-
ment vers le petit bout , pour pouvoir entrer commodément dans le
poinçon par le trou du bondon , & le

fermer fi bien lui-même , que l'air
ne puiffe entrer ni fortir tout autour.
Ce canon paffe pour cet effet d'un pouce fur le niveau du foufflet , & eft
fait en demi rond par le haut , pour
pouvoir être frappé avec un maillet
de bois & enfoncé dans le tonneau ;
il y a même à deux doigts au-deffous
du bout haut de ce canon un crochet de fer F, d'un pié de longueur ,
paffé dans un anneau de fer qui entre
à vis dans ce canon , qui fert à attacher le foufflet aux cercles du tonneau ;
fans quoi la force de l'air feroit reffor-
tir ce foufflet du trou du bondon , &
l'opération de la vuidange ne fe feroit pas.

La méchanique de ce foufflet, ainfi
décrite , eft facile à concevoir. L'air
entre par le trou de deffous en la maniere ordinaire , il avance vers le
bout : à mefure qu'on pouffe le foufflet , il y trouve un conduit qui le
fait defcendre dans le poinçon ; mais

pour empêcher ce même air de remonter, comme il feroit quand on
ouvre le soufflet pour lui faire respi-
rer un nouvel air, on applique une
espece de soûpape, ou languette de
cuir, à trois ou quatre pouces près de
l'extrémité de ce soufflet, qui ferme
ce trou autant de fois qu'on veut reprendre un nouvel air : ce nouvel
air se précipite encore facilement dans
le tuïau en pressant le soufflet, parceque cette languette ou soûpape s'ouvre à mesure qu'elle est poussée par
l'air : ainsi il entre toujours un nouvel air dans le poinçon, sans en pouvoir sortir. La force de cet air, qu'on
pousse continuellement en pressant fortement le soufflet, presse également
la superficie du vin dans toute l'étendue de la piéce, sans causer la moindre agitation dans le vin, & le force
à passer par la canelle dans le boïau
de cuir, & delà dans l'autre poinçon
qu'on veut remplir où il monte

parceque l'air eſt chaſſé vers le trou du bondon qui eſt ouvert.

Ce ſoufflet pouſſe tout le vin hors du poinçon, à dix ou douze pintes près ; ce que l'on connoît lorſqu'on entend un ſifflement qui ſe fait à la canelle : on doit alors promptement la fermer, après quoi on bouche le poinçon qu'on vient d'emplir avec une quille de bois de frêne, *Fig. 6* ; enſuite on tire du poinçon empli, le canon du boïau de cuir, & l'on bouche vîte le trou avec un tampon de bois de chêne, qu'on chaſſe avec un marteau de fer, nommé communément en Champagne, un *hoïau à tête*.

De l'autre poinçon qu'on vuide, on tire le canon de la canelle de métal, & l'on laiſſe couler doucement encore quelques pintes de vin clair dans un baſſin qui le reçoit, juſqu'à ce qu'on s'apperçoive, par le moïen d'une taſſe d'argent, ou d'un verre fin, que le vin change un peu de couleur. Dès qu'on

y apperçoit quelque chofe , fans attendre qu'il paroiffe louche , on ferme
la canelle qu'on ôte enfuite du poinçon, & l'on jette dans un bacquet le
peu de vin trouble qui refte dans le
poinçon. Ce vin trouble , ainfi que celui qui fort de tous les autres poinçons après que le meilleur vin en eft
tiré , eft mis dans un vieux poinçon
pour en faire du vinaigre.

Ce qui a coulé de vin clair par la
canelle , après qu'on en a retiré le
boïau , on le met dans le poinçon
avec le bon vin : on fe fert pour cet
effet d'un entohnoir de fer blanc , *Fig.*
7. *pl.* 13 , dont la queue a au moins
un pié & demi de longueur , afin que
le vin qui en tombe ne caufe point
d'agitation dans le poinçon , & qu'il
ne foit point battu ; & pour qu'il ne
paffe aucune ordure dans le vin, il
y a vers le fond de l'entonnoir , *Fig.*
8, une plaque de fer blanc toute percée de petits trous ; ce qui empêche

qu'il n'entre rien de groſſier dans le
poinçon. D'abord qu'on en a vuidé un,
ce qui ſe fait en moins d'une demie
heure, on le fait laver avec un ſeau
d'eau, on le ſecoue bien pour déga-
ger la lie qui eſt ordinairement attachée aux douves. On réitere une ou
deux fois la même opération, on le
laiſſe égouter quelques momens, &
on le remplit de vin d'un autre poinçon, en obſervant la même choſe que
ci-devant.

Après que le vin a été ainſi tranſ-
vaſé une premiere fois, on le ſoûtire
une ſeconde fois au tems que nous
avons marqué ; quelquefois une troiſieme, pour lui donner un œil bien
vif, s'il ne l'a pas encore ; mais dans
ce cas, il faut quatre jours avant de
le ſoûtirer, lui donner une frilure en
y jettant ſeulement un tiers de la me-
ſuré de la colle ordinaire.

J'ai dit ci-devant qu'il falloit non-
ſeulement tranſvaſer ou ſoûtirer les

vins au tems que j'ai prefcrit ; mais
même autant de fois qu'on les change
de place. Les perfonnes les plus expérimentées le font exactement ainfi. Il
y en a qui l'ont fait jufqu'à douze &
& treize fois, & qui prétendent, avec
raifon, que c'eft ce qui a foutenu &
confervé leur vin, qui n'en a été que
plus beau & plus délicat.

Leur principe eft que le vin forme
toujours une lie qui lui donne une
couleur jaune, ce qui eft contraire au
vin gris ; que pour le conferver bien
blanc, il faut tranfvafer fouvent, fi
on ne le met pas en flaccon, & qu'il
ne faut pas craindre d'affoiblir le vin
par-là, parcéque plus on le remue,
plus on lui donne de vigueur ; &
plus on le foûtire, plus la couleur en
eft vive & brillante. Dans le premier
tirage au clair, de peur que le vin ne
prenne l'évent, ils font dans l'ufage
de faire couler dans le tonneau un
petit bout de meche foufrée large

d'un demi pouce, & long d'un pouce,
& demi.

Plusieurs compositions de la meche soufrée.

Prenez deux onces de poivre blanc,
une once de gérofle, deux onces de
canelle, une once d'anis, deux onces
de graine de mulisseau, une once de
gingembre, une once d'anis verd,
une once de graine de genievre; deux
onces d'iris, deux onces de thin, le
tout bien battu, pulvérifé & paffé par
un tamis, & deux livres & demie de
foufre en fleur. Mettez ce foufre dans
une terrine fur un réchaud, & le laiffez fondre; mêlez enfuite toutes ces
drogues avec ce foufre fondu, paffez-
y enfuite votre toile coupée par tran-
ches, larges de trois doigts, jufqu'à ce
que votre foufre foit ufé. Il faut auparavant mettre tremper votre toile
dans de bonne eau-de-vie: pour la
quantité de drogues qui entre dans

cette composition, il faut une demie
aune de toile commune neuve.

Cette composition particuliere de
soufre sert pour communiquer au vin
une meilleure qualité. L'huile & l'o-
deur du soufre empêchent l'air de s'in-
sinuer dans le vin en entrant dans le
poinçon à mesure qu'il se vuide, & y
répandent encore des esprits qui ai-
dent à soutenir le feu & le brillant de
la liqueur.

Pour une piece de vin commun, on
y en emploie à-peu-près le double,
pour fortifier sa couleur : on allume
cette meche, on la met sous un bondon, *Fig. 9. pl. 13*, auquel on attache un clou à crochet & qu'on met à
l'embouchure du poinçon qu'on vuide
avant d'emploïer le soufflet. A mesure que le vin descend, il attire
à lui cette petite odeur de soufre,
qui n'est pas assez forte pour se faire sentir, mais qui ne laisse pas que
donner de la vivacité à la couleur. Il

seroit dangereux que le vin prît le goût de soufre ; c'est pourquoi il faut faire attention de n'y en pas trop mettre.

La meche composée doit y être mise en plus petite quantité que celle qui n'est trempée que dans le souffre seul.

<hr />

CHAPITRE III.

Du reliage des Poinçons, avant de les mettre en cave.

VERS le mois d'Avril, on doit songer à mettre les vins en cave ; après les avoir bien tirés au clair & soûtirés : mais on ne doit pas négliger de les relier, avant de les y descendre. Il seroit dangereux de suivre la méthode de certaines personnes qui , par ménage , veulent épargner quelques sols sur le reliage d'un poinçon de vin , & souvent pour cette raison courent risque de le perdre entierement, ou du moins une partie.

Pour éviter cet inconvénient, il faut doubler l'avant dernier cerceau de chaque bout de poinçon, de cerceaux neufs, & non pas comme font presque tous les Tonneliers, d'un seul cerceau neuf fur un vieux ; c'est-à-dire qu'il faut composer ce cerceau, qu'on nomme en Champagne *le Chevalet*, de deux bons cerceaux neufs qu'on lie enfemble : on doit emploïer à ce reliage le cerceau de châtaignier, qui est le meilleur de tous les bois pour cet usage ; on n'y doit pas ménager les cerceaux neufs. Il est nécessaire aussi de maintenir les fonds du poinçon de deux bons fouets, autrement dits de deux bonnes barres arrêtées à chaque bout de cinq bonnes chevilles de bois de frêne, qui est le bois le plus roide, & par conféquent le plus propre à cet effet. On ne sauroit trop prendre de précaution pour conferver le vin, furtout lorfqu'on le met en cave. On doit aussi poser les poinçons sur des chantiers élevés au moins de huit pouces de terre, & construits comme en la Figure 10, planche 13.

Pour caler les poinçons de vin, il convient mieux de se servir de cales de bois que de pierre; on les nomme *des Calevins*, *fig.* 11. *pl.* 13. On garantit par ce moïen la pourriture des cerceaux, que les blocailles, toujours humides, occasionnent; & la pourriture des chantiers, par le moïen de leur élevation, qui procure le passage de l'air sous les poinçons. On doit avoir soin d'éloigner toujours les poinçons au moins d'un pié du mur de toutes parts.

CHAPITRE IV.

Du choix des caves pour les vins
en cercles.

LES caves deftinées à renfermer les vins en cercles, ne fauroient être trop profondes, & cependant ne peuvent avoir trop d'air ; c'eft pourquoi il leur faut donner des foupiraux bien ou- verts, percés, autant qu'il eft poffible, à l'afpect du Nord, ou du moins du Levant. On doit les conftruire en abat jour, leur donnant par le haut le dou- ble de la largeur du bas. Les barreaux de fer dont on les grille pour en fer- mer l'entrée, doivent être incruftés dans la pierre à deux piés de profon- deur du foupirail, & non fur la fuper- cifie, comme on en voit plufieurs. Je ne veux pas en détailler la raifon, le lecteur doit la fentir.

Si les foupiraux répondent à une

cour, ou à une rue forte étroite, dont
les bâtimens soient fort élevés, il est
bien certain que l'air n'y pénétrera que
difficilement : il y a un moïen d'y remédier ; c'est de placer un tuïau A de
fer blanc, de quatre pouces de diametre, contre le mur de la maison qui
descendra dans le soupirail B, à trois
ou quatre piés de profondeur, & s'é-
levera jusqu'à la couverture de la maison. A l'extrémité supérieure de ce
tuïau, on placera un entonnoir C,
de deux piés de diametre. A un pié au-
dessus de cet entonnoir, on pratiquera
un moulinet D ; dont les aîles seront
garnies de toile passée en huile, qui,
tournantes au gré du vent, dirigeront
l'air vers l'entonnoir, & delà dans le
tuïau, & le contraindront de descendre dans la cave; bien entendu que les
trois ou quatre piés de tuïau qui des-
cendront dans le soupirail de la cave
seront de tôle.

Les caves dont les voûtes sont les
plus

PL. 14. Fig. 1.

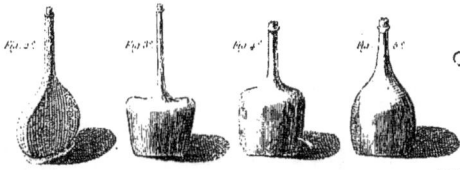

Fig. 2.^e   Fig. 3.^e   Fig. 4.^e   Fig. 5.^e   Fig. 6.^e

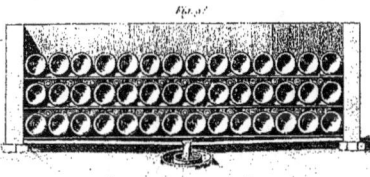

Fig. 9.^e

Fig. 8.^e

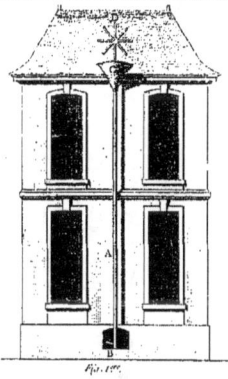

Fig. 1.er

H. Vaugland Sculp.

plus élevées, font eſtimées les meilleures, parcequ'elles renferment plus
d'air. Celles qui font pratiquées dans
les quartiers les plus élevés des Villes,
font auſſi les meilleures, parcequ'on
peut leur donner plus de profondeur;
qu'elles font plus fraîches, & que le
vin s'y façonne mieux. Celles qui font
crépies de ciment de tuile battue, &
dont le tuf eſt de bonne craie, comme
en Champagne où les caves font les
meilleures, préſervent les poinçons
preſque totalement de pourriture ;
mais il n'y faut deſcendre du vin qu'au
bout d'un an, au moins, que les murs
font crépis; car ce ciment eſt très brû-
lant, juſqu'à ce qu'il ait entierement
jetté fon eau. Je dirai par la ſuite comment il faut compoſer & appliquer ce
ciment.

Dans le Païs où la craie manque, je
conſeillerois aux Propriétaires des mai-
ſons de compoſer le marche-pié de
leur cave d'un même ciment de tuile

battue, de la même façon que j'enſei-
gnerai ci-après de faire les baſſins pour
mettre les vins en bouteilles. L'air y
ſeroit très frais, & cependant les caves ſeroient auſſi ſeches que les gre-
niers de la maiſon ; les vaiſſeaux n'y
ſeroient ſujets à aucune pourriture,
& les vins y acquerroient une qualité parfaite.

CHAPITRE V.

Du collage des Vins.

L E premier collage & troiſieme tirage au clair des Vins gris qu'on deſtine à faire mouſſer, ſe doivent faire
à la mi Mars : le collage ſe fait huit
jours avant le tirage au clair ; & le ſecond collage ſe doit faire cinq à ſix
jours avant le tirage en bouteilles. Rien
ne mérite tant d'attention de la part
du Propriétaire du vin, que cette opération. Delà dépend le ſuccès heureux

ou malheureux de la vente de ses vins.
Je ne prétends point donner ici des
leçons aux Champenois : chacun d'eux
y donne ses soins, & y réussit très bien;
mais faisons part à l'Etranger de leur
méthode.

CHAPITRE VI.

*De la composition de la colle pour
éclaircir les Vins, de telle espece
qu'ils soient.*

LA colle dont on se sert pour clarifier les vins, se nomme *la colle de
Poisson* : la plus blanche & la plus
transparente est la meilleure : il en
faut pour un poinçon de vin, contenant deux cens pintes mesure de Paris, environ le poids de soixante
grains; ce qui fait un gros moins douze grains.

Cette colle se vend chez les Marchands Droguistes, qui la tirent des

Hollandois qui l'apportent d'Archangel. Voici la façon de la préparer, & la précaution qu'on doit prendre en en faisant usage.

On l'écrase d'abord au marteau, ensuite on la découpe par morceaux, les plus petits qu'il est possible ; on met cette colle dans un pot de terre, ou de grès, neuf vernissé ; on la détrempe dans un peu d'eau de riviere, pour l'amollir : cette eau est plus pénétrante que celle de puits, ou de fontaine ; on la pile encore au marteau jusqu'à ce qu'elle devienne en bouillie ; on la bat après, avec une poignée de ballai, en y ajoutant autant de vin que d'eau. Il faut, avant de la piler, la laisser tremper une ou deux jours dans l'eau pour la dissoudre. Certaines personnes y mettent du verjus au lieu de vin blanc ; ce qui est indifférent & n'y peut pas faire de tort ; on la bat bien jusqu'à ce qu'elle fasse une mousse bien grasse : d'autres personnes y mêlent de

l'esprit de vin, ou d'excellente eau-
de-vie ; mais je ne le conseille pas. On
jette dans le vaisseau où s'est fait cette
dissolution ; autant de pintes de vin
pareil à celui qu'on veut coller, qu'on
a de poinçon à soûtirer. On remanie
bien cette colle ; on la passe au travers
d'un linge médiocrement fin , qu'on
exprime bien. Ensuite on la met dans
des bouteilles où on la laisser reposer.

On a imaginé une maniere plus
prompte de dissoudre cette colle : après
qu'elle a trempé un jour dans l'eau , on
la fait fondre sur le feu dans un poî-
lon ; on la réduit en boule comme un
morceau de pâte ; on la jette ensuite
dans le vin où elle se distribue avec
moins de difficulté.

De quelque maniere qu'on veuille
la dissoudre , il faut prendre garde d'a-
bord de ne la pas noïer , & de ne la
mettre que dans une quantité de vin
ou d'eau , proportionnée à celle de la
colle : il en faut une bouteille dans

chaque poinçon, contenant deux cens
pintes, moitié dans chaque quarteau,
On suppose qu'on a tiré du poinçon,
avant d'y mettre la colle, deux ou trois
bouteilles de vin. Après l'y avoir ver-
sée, on prend une longue verge, ou
bâton fendu par une extrémité, de la
longueur d'un demi pié, en trois ou
quatre parties ; on le fait entrer dans
le poinçon jusques vers le milieu,
sans le faire descendre plus avant, &
l'on agite le vin le plus qu'il est possible, avant & après y avoir versé la
colle, pour la bien mêlanger avec le
vin. Cette colle s'abbaisse en cinq ou
six jours, & emmene avec elle toute la graisse & l'impureté du vin,
il ne faut pas la laisser plus de huit
jours dans le poinçon, il y auroit danger qu'elle ne remontât, tant elle est
legere.

Sur la fin de l'Hiver, les tems font
quelquefois si peu propres pour cette
opération, qu'il faut rejetter une se-

conde fois de la colle dans le poinçon ;
mais alors on n'en doit mettre que
moitié de la premiere fois ; lorfqu'il
gele , ou qu'il fait un tems ſerein &
froid , le vin ſe clarifie plus promptement, & plus parfaitement , il a une
couleur plus vive & plus brillante, que
quand on le colle , & qu'on le tire
par des tems venteux , mous & humides.

Après le ſecond collage , il eſt inu-
tile de ſoûtirer encore les Vins, il faut
obſerver de tenir le poinçon un peu
penché ſur le devant , pour éviter
de le lever quand il eſt preſque vuide.

Il y a encore une autre façon de
coller les Vins pour les éclaircir, &
qui eſt plus prompte.

Prenez trois blancs d'œufs , que
vous verſerez dans un grand vaſe de
terre neuve plombée , ou de faïance ;
ajoutez-y un peu de ſel blanc bien
broïé , & une partie de vin , battez bien le tout avec une verge d'oſier

écorcé, jufqu'à ce qu'il tourne en écume bien blanche ; achevez enfuite de
remplir ce vafe, de vin, que vous re-
murez bien ; verfez-le après dans votre
poinçon de vin, & le laiffez repofer :
en peu de jours le vin deviendra clair
comme l'eau de roche.

CHAPITRE VII.

*Du tirage en bouteilles des Vins deftinés
à mouffer, & autres.*

ON choifit ordinairement, en
Champagne, le tems de la Pleine
Lune de Mars, pour tirer en bouteille
les Vins qu'on y deftine à mouffer ;
on y eft extrêmement fuperftitieux fur
ce point. Quelque tems qu'il faffe
dans le courant de la Semaine-Sainte,
foit grand vent, foit gelée, on n'auroit garde de retarder le tirage de fon
Vin en bouteille. Effaïons de démontrer cette erreur, & de la diffiper s'il eft
poffible.

Je dis d'abord, & foutiens affirma-
tivement, que la Pleine Lune ne coopere en rien pour la mouffe du Vin ;
mais que c'eft le tems auquel la féve
monte à la Vigne, qui doit régler
celui du tirage des Vins en bouteilles.

Preuve. On remarque que d'un nombre d'années à autres, la Pleine Lune
de Mars varie de trente-trois jours ;
c'eft-à-dire que Pâque, que cette Lune
regle toujours, varie de même dans
un nombre d'années, du 22 Mars au
24 Avril ; lefquels jours il ne prévient
ni excede jamais. Si on veut fixer ftric-
tement le tirage du Vin en bouteille
au tems de la Pleine Lune de Mars,
il faut donc le faire en certaines années à la mi-Mars, & dans d'autres à
la mi-Avril : or je demande, fi la féve
differe à paroître d'année à autre d'un
mois. Je le répete, la Lune ne coopere
en aucune façon à la mouffe du Vin.

Par exemple, fi l'on tire du Vin en
bouteille dans le Plein de toutes au-

K v

tres Lunes; si la Vigne n'est point en séve, ou si la fermentation naturelle du Vin (a) n'existe pas, le Vin ne moussera pas; au lieu que si on le tire en bouteille depuis le moment du pressurage jusques vers la fin de Novembre, ou mi-Décembre, tems auquel cesse cette fermentation du Vin, ce Vin moussera bien. Je n'avance & n'atteste ce fait, qu'après les expériences que j'en ai faites, & réitérées plusieurs fois. Mais comme ce Vin, tiré dans le tems de cette fermentation naturelle, gardera plusieurs années cette mousse, il sera impossible de le tirer de sa lie. Tout Vin moussera bien, si on le tire dans le tems que la séve du Printems est en vigueur; & souvent encore suffisamment dans la séve d'Août; mais dans ce dernier cas, il faut que le Vin y ait de soi-même quelques dispositions, comme celui

_____

(a) J'ai démontré ci-devant qu'il y a deux sortes de fermentations.

de Champagne ; je ne fonde mon raisonnement que sur des expériences souvent réitérées de toutes façons. La féve seule peut donc procurer au Vin la mousse qu'on desire , pourvu qu'on le tire dans le tems qu'elle est dans toute sa force.

Si quelqu'un se plaint qu'il ne réussit pas chaque année à donner au Vin qu'il tire en bouteille une mousse égale : il ne doit principalement attribuer ce défaut , qu'au faux principe qui l'a induit en erreur de tirer en Pleine Lune de Mars , lorsqu'elle précede la féve.

Il faut cependant observer que la différence du plus ou du moins de mousse , d'une année à l'autre , provient quelquefois de celle des saisons, comme de celle des terroirs.

Nous avons des années plus chaudes ou plus froides , auxquelles les Vins prennent plus ou moins de maturité.

Les Vins de Champagne ne moussent

pas chaque année également, ni tous, chaque année de la même force.

Dans les Vignobles qui avoifinent la Ville de Rheims, les Vins de Sillery, Verfenay, Ludes, Mailly, Chigny, Rilly, Tailly & autres, ont plus de difpofition à faire du Vin rouge, qui fouvent, par la bonne façon que leur donnent les Champenois, l'emporte fur celui de Bourgogne, pour la qualité & la finefle, & toujours pour fa durée; que ceux d'Aij, Auvilliers, Pierry, & autres de la riviere de Marne, réufliffent parfaitement en blanc, quoique les uns & les autres foient faits également avec le feul raifin noir. Cependant l'on entreprend fouvent de faire du Vin blanc à Sillery, Verfenay, & dans les autres lieux que je viens de nommer; mais ces Vins, extrêmement fumeux, réufliffent difficilement à moufler : on eft obligé d'attendre à la féve d'Août pour les mettre en bouteille, parcequ'ils gardent plus long-tems leur fermentation, au lieu que ceux d'Aij, Epernay, & autres de la riviere, ne fe font rouges que très difficilement. Auffi ces Vins, par la raifon qu'ils fe purifient aifément, & qu'ils ne prennent pas aifément la mouffe, doivent-ils être mis en bouteille précifément dans le tems que la féve commence à monter au farment.

Les mauvais Vins d'Avife, Cramant, le Mênil, Auger, & autres lieux circonvoifins, qui forment un dépôt confidérable, occafionné par la quantité de raifins blancs que les Bourgeois & Vignerons y admettent pour avoir la quantité, & qui ne manquent jamais de prendre la mouffe que leur vérdeur leur occafionne, ne doivent point être tirés que vers le milieu ou la fin d'Avril. Ces Vins moufferoient même auffi-bien, ou du moins fuffifamment, en les tirant à la féve d'Août, cafferoient moins de bouteilles, feroient moins de dépôt, ruineroient & tueroient moins de gens. Si on ne tiroit ces Vins en bouteilles que vers la féve d'Août, ou plutôt si on les abandonnoit, comme dans le siecle précédent, pour l'usage des Laboureurs de la Champagne pouilleuse, les Propriétaires, & ceux qui font la folie de les acheter, en souffriroient moins, & la réputation des bons Vins de Champagne, en général, que ces derniers ont détruite, pourroit reprendre faveur.

Les Vins gris, qu'on destine pour ne point mousser, ne doivent être mis en bouteilles que vers la fin de Septembre & le courant d'Octobre, c'est-à-dire qu'il faut qu'ils aient un an : il ne faut pas non-plus attendre à les tirer en Novembre ou Décembre, parceque si l'on attend à les tirer en ces derniers mois, & qu'on transporte aussi-tôt les Vins à la cave, il est à craindre que ces Vins ne graissent. Il

en est de même des Vins rouges, &
l'on y doit prendre les mêmes précautions, à la différence que ces Vins,
s'ils sont de Sillery, Verfenay, Taif-
fy, Mailly, Ludes, Chigny & Rilly,
& encore ceux de Boufy & Ambon-
net, & ces fameux Vins des monts
de fourche de Mareuil, ne demandent d'être mis en bouteilles que vers
les mêmes mois d'Octobre & Novembre de leur deuxieme année. Les
Vins rouges inférieurs, peuvent être
tirés au bout de l'année en bouteilles.

On fait qu'il y a des gens qui pro-
curent à leurs Vins la mousse de deux
autres façons, les uns en cueillant le
raifin un peu fur le verd, & en les
mélangeant de raifin blanc ; ceux-là
mouffent, à la vérité, jufqu'à vuider
moitié de la bouteille, au moment
qu'on coupe la ficelle. C'eft un Vin
auffi préjudiciable à celui qui le tire
en bouteilles, par rapport à la caffe
confidérable des flaccons, qu'à celui

à qui on l'envoie, parceque non-feulement il n'eft pas potable ; mais que
fon œil jaune que lui donne le raifin
blanc, le rend défagréable à la vue.
Cette efpece de raifin occafionne encore au Vin mis en bouteilles, un dépôt beaucoup plus confidérable que le
raifin noir. D'autres, pour mieux tromper le public, & couvrir la mauvaife
qualité de leur Vin (qualité naturelle
à ces Vignobles, dits de la petite riviere de Marne) lui donnent le fuprê-
me degré de mouffe, en les mélangeant
de fucre, d'alun, d'efprit de vin, de
crottes de pigeons, & d'autres drogues au moins auffi pernicieufes.

Le Tonnelier qui tirera le Vin en
bouteilles, doit obferver de mettre fa canelle le plus bas qu'il lui fera
poffible, pour ne point être obligé de
lever le poinçon, fuppofé qu'il ne l'ait
pas levé avant de le coller, comme je
l'ai dit ci-devant : que ce foit cependant quelque peu au-deffus de la colle.

S'il ne fe fert pas du grand baffin, &
ne juge pas à propos de pratiquer la
maxime que je propofe, pour donner
une égalité parfaite au Vin de chaque
bouteille, & qu'il veuille fuivre l'u-
fage ordinaire, il doit obferver encore de ne point fermer fa canelle
chaque fois qu'il a empli une bouteille. Il doit tenir de la main gauche, la
bouteille qu'il emplit, & de la main
droite il doit, dans le même tems,
prendre une bouteille vuide, qu'il
préfentera à la canelle au moment que
l'autre fera pleine; & ainfi jufqu'à ce
que le poinçon foit vuide.

Comme nous avons dit, Chapitre
IX, que l'Ouvrier qui bouche la bouteille, ne doit point trop précipiter
l'opération pour bien faire, & que
c'eft ordinairement celui qui tire, qui
bouche auffi la bouteille, il ne doit
ouvrir fa canelle qu'autant qu'il eft
néceffaire pour lui donner le tems de
lever fa bouteille, choifir fon bou-

chon, boucher & frapper le bouchon dans le tems que la bouteille s'emplit: Il doit avoir fous cette bouteille un baffin qui porte la bouteille, dans l'embouchure de laquelle le bec de la canelle doit entrer d'un quart de pouce. Il doit tenir fa bouteille un peu penchée, afin que le Vin tombe directement fur le parois intérieur de la bouteille, & non dans le centre, & ne foit point battu.

Il obfervera de laiffer un demi pouce de vuide, entre le Vin & le bouchon.

CHAPITRE VIII.

De la Bouteille, de fa forme, de fa qualité, & du choix qu'on en doit faire.

Le choix d'une bonne bouteille eft très effentiel pour la confervation du vin : voïons quelle qualité, quelle forme elle doit avoir, & quelle doit être fa contenance.

On étoit autrefois dans l'usage de se
servir indistinctement de bouteilles
de différentes formes, de différentes
qualités, & de differentes contenan-
ces ; les uns se servoient de bouteilles
plattes, *Fig.* 2. *pl.* 14 , couvertes d'o-
sier, dont le verre étoit aussi mince
qu'un verre à boire , par conséquent
fort fragile , & d'une contenance in-
déterminée. D'autres se servoient de
bouteilles rondes ; *Fig.* 3 , dont le
cul étoit fort large , le corps écrasé ,
& le col beaucoup plus long que le
corps, le cul fort épais , & le corps
fort mince ; le moindre effort du vin
séparoit le cul d'avec le corps de la
bouteille. On en est venu enfin à faire des bouteilles en forme de pom-
mes, *Fig.* 4 , dont le col écrasoit la
partie la plus élevée du corps de la
bouteille ; ce qui lui donnoit une forme non-seulement désagréable , mais
encore désavantageuse , tant pour les
entrailler dans les caves , ou dans les

paniers au tems des envois, que pour le coup de bouchon; c'est-à-dire qu'un vin mousseux fermentant dans la bouteille, & ne pouvant diriger vers le col la circulation perpétuelle de sa chaîne (a), ne pouvoit faire sauter le bouchon. Vu le désavantage de cette bouteille, les Champenois se sont déterminés à faire donner à leur bouteille la forme d'une poire, *Fig.* 5. L'usage de ces premieres bouteilles, occasionnoit des abus considérables, tant de la part des Gentilshommes Verriers, que de celle des Marchands de Vin, Aubergistes, & Cabaretiers détaillans. Le Ministere a obvié à ces abus, par une Déclaration du Roi rendue le 8 Mars 1735, qui fixe la qualité, la contenance & le poids des bouteilles. Tels sont les deux principaux articles de cette Déclaration.

(a) J'entends par la circulation de la chaîne, celle de petites bulles d'air subtil, renfermées dans le Vin, qui, montant & descendant perpétuellement, figurent une chaîne de puits.

Article I. » La Matiere vitrifiée,
» fervant à la fabrication des Bouteil-
» les & Caraffons, deftinés à renfer-
» mer les Vins & auttes Liqueurs,
» fera bien rafinée & également fon-
» due ; enforte que chaque Bouteille
» ou caraffon foit d'une égale épaif-
» feur dans fa circonférence.

Article II. » Chaque Bouteille ou
» Caraffon contiendra, à l'avenir,
» Pinte, mefure de Paris, & ne pou-
» ra être au-deffous du poids de vingt-
» cinq onces ; les demies & quarts, à
» proportion. Quant aux Bouteilles &
» Caraffons doubles, & au-deffus, ils
» feront auffi d'un poids proportion-
» né à leur grandeur «.

Cette Déclaration a fon exécution
en Champagne, & furtout en la Ville
de Rheims, dans laquelle il n'entre pas
une feule voiture de Bouteille, qu'elle
ne foit conduite au Bureau de la Doua-
ne, pour les Bouteilles y être mefu-
rées & pefées. Il feroit à fouhaiter

qu'on tînt également la main à fon
exécution dans toutes les Provinces,
& furtout dans la Ville de Paris , où
les Marchands de Vin commettent des
abus qui méritent d'être réprimés , &
cependant ne le font pas , faute de parvenir à la connoiffance des Miniftres,
& à celle des Gens de haute condi-
tion ; qui font les plus intéreffés à cette
réforme.

Premier abus. Les Bouteilles dont
on fait le plus communément ufage à
Paris , font celles qui fe fabriquent à
la Verrerie de Seve , proche de Saint
Cloud. Ces Bouteilles excedent de
beaucoup le poids ordonné par la fuf-
dite déclaration , puifque communément elles pefent jufqu'à trente-qua-
tre ou trente-cinq onces , poids fura-
bondant & onéreux , pour deux rai-
fons ; la premiere , c'eft que le poids
excedant , la rend moins maniable
pour le fervice de la table. La feconde,
c'eft que fi l'on faifoit ufage à Paris de

ces Bouteilles autant qu'en Champagne, pour envoïer des Vins à l'Etranger, elles augmenteroient de soixante-
sept à huit livres, le poids ordinaire
du panier de cent vingt bouteilles,
qu'on suppose peser cinq cens livres;
ce qui feroit plus d'un septieme, dont
il faudroit augmenter le prix de la
voiture.

Second abus. Les Bouteilles de Seve, dont les Marchands de Vin & Cabaretiers de Paris font usage, ne contiennent pas la pinte de Paris, suivant la même Déclaration du Roi.
CetteDéclaration n'assujettit pas moins
la Ville de Paris, que celles des Provinces, à son Réglement. La prohibi-
tion au-dessous des poids & mesures,
ne regarde pas moins cette Capitale,
que les autres Villes, elle n'en ex-
cepte que celles qui se fabriquent en
Alsace, pour y être consommées.

Ces Bouteilles de Seve contiennent
environ une neuvieme partie moins

que la Pinte de Paris. Les Marchands
de Vin & Cabaretiers de Paris, en
fourniſſant au Public neuf bouteilles , lui font donc tort d'une bouteille.

Je ſuppoſe à Paris neuf cens mille
perſonnes, qui boiront chacune , par
jour, une bouteille de Vin , cela fait,
pour l'année entiere , trois cens trente - deux millions cent mille bouteilles ; réduiſons ce nombre à moitié , pour tenir lieu des perſonnes
qui n'en boivent point , ou qui
achetent leur proviſion en cercle,
ou qui le vont boire au cabaret à la
pinte, reſte cent ſoixante-ſix millions
cinquante mille bouteilles : tirez de
ce nombre la neuvieme partie , qui re-
tourne au profit des Marchands de Vin
& Cabaretiers , vous trouverez que
cette neuvieme partie leur produit
dix - huit millions quatre cens cinquante mille bouteilles : mettons ces
vins à dix ſols la bouteille , le fort
emportant

emportant le foible, cela fait neuf
millions deux cens vingt-cinq mille
livres, qui retournent à la poche de
ces Marchands de Vin & Cabaretiers
de Paris, en surcroît du bénéfice supposé légitime qu'ils font sur leurs Vins,
non compris le bénéfice immense
qu'ils tirent de la fraude & dangereuse composition de leurs prétendus
Vins.

Ce raisonnement est fondé sur des
expériences , & sur différens essais
faits de ces bouteilles, sur leur poids
& contenance.

Après avoir parlé de la contenance
& du poids de la bouteille, il est à
propos de parler de sa qualité & de sa
forme. Le verre de la bouteille doit
être bien cuit & distribué également.
La couleur doit tirer sur le verd blanc,
& non sur le bleu, ni sur le jaune.
L'embouchure de la bouteille doit être
ouverte à l'extrémité, de deux lignes
plus qu'au-dessous de l'anneau où le

bouchon doit pénétrer : cette précaution aide le Vin moulleux à bien jetter fon bouchon. Son ouverture doit
être bien ronde & fans couteau, on
doit prendre garde qu'elle ne foit
point tranchante, de crainte qu'elle
n'écorche le bouchon. Le col de la
bouteille ne doit pas avoir plus de
quatre pouces de longueur.

Il feroit indifférent, pour les Vins
blancs, & furtout ceux qu'on deftine
pour la moulle, de les tirer dans des
bouteilles neuves, fi on a voit foin de
les bien rincer chaque fois qu'on les
vuide, & de les mettre égouter fur le
champ.

Chaque fois qu'on veut tirer les
Vins en bouteilles, il faut les rincer, les décraffer avec une chaîne
faite de fin fil de fer, entrecoupée de
petites pointes, *Fig. 6. pl.* 14. Cette
chaîne y eft plus propre que le plomb,
& même que le broquillon ou petit
clou. Le plomb & le broquillon , en

parcoürant la bouteille d'une partie à
l'autre, y font fouvent des étoiles,
quelquefois imperceptibles, mais toujours dangereufes. La chaîne tourne,
au contraire, autour de la bouteille,
fans en quitter les parois, & la décraffe
fort bien. On doit les mettre égouter
dans des paniers, ou fur des claies de
bois, *Fig.* 12. *pl.* 13., le cul en haut &
le col en bas. On ne doit les rincer que
dans le tems qu'on en a befoin, c'eft-
à-dire qu'un jour au plus avant de les
emplir. On ne doit faire cette opération que dans un lieu couvert, & à
l'abri du grand air qui les deffeche-
roit, & du vent qui pourroit y porter
de la pouffiere.

La façon des Marchands de Vin &
des Cabaretiers de Paris, de rincer
leurs bouteilles, eft fort mauvaife ; ils
les rincent, à la vérité, dans deux ou
trois eaux verfées dans autant de baffins ; mais comme ils repaffent toutes
leurs bouteilles dans les mêmes eaux,

il ne peut pas fe faire qu'elles foient bien nettes ; auffi leur vin, pour peu qu'il refte dans la bouteille, forme-t-il beaucoup de dépôt.

La façon de les rincer, en Champagne, eft meilleure; on fe fert d'un poinçon mis fur cul, fur un trépié d'un pié & demi, environ, d'élévation. Au bas de ce poinçon, on place deux ou trois canelles à petit bec : on emplit le vaiffeau d'eau, aux deux ou trois angles du trépié ; on place deux ou trois petits cuviers pour recevoir l'eau. Les rinceurs fe placent devant chaque canelle, affis fur un fiege ; ils fe placent de façon qu'ils ont le cuvier entre leurs jambes ; ils décraffent d'abord dans ce cuvier l'extérieur de la bouteille avec un torchon & de l'eau ; enfuite portent le col de la bouteille à la canelle, pour y laiffer couler environ deux doigts d'eau. Ils y introduifent la chaîne ; & la faifant tourner dans la bouteille, enlevent toute la craſſe : ils égoutent cette eau dans le cuvier, & y font encore entrer deux ou trois fois une nouvelle eau, juſqu'à ce qu'elle leur paroiſſe parfaitement nette : de cette façon, une eau qui a ſervi à rincer une bouteille, ne repaſſe pas dans une autre. Cette façon n'eſt pas plus embarraſſante, ni plus couteuſe que toute autre ; ainſi je conſeille à chacun de la mettre en uſage.

CHAPITRE IX.

De la qualité & forme du bouchon.

IL eſt extrêmement eſſentiel, quand on veut mettre des Vins en bouteille, de n'y emploïer que des bouchons neufs, ſurtout pour les Vins blancs ; le prix ne doit point arrêter. Les bouchons valent ordinairement, depuis dix à douze ſols, juſqu'à cinquante ſols le cent. Celui qui voudra tirer des

vins pour mouſſer, doit emploïer les
meilleurs bouchons, par conféquent
les plus chers, attendu leur parfaite
qualité.

Un bon bouchon ne doit être ni
trop mol, ni avoir aucune tache de
noir & de vermoulure : il doit avoir,
au moins, un pouce & demi de longueur, fur laquelle longueur il faut
qu'il ait environ deux lignes d'abbais.

Il eſt à propos que celui qui l'emploie, le trempe dans une goute d'eau
ou de vin, avant de le chaſſer dans le
col de la bouteille. Pour qu'un bouchon bouche bien une bouteille, le
petit bout ne doit entrer que difficilement à l'embouchure de la bouteille ;
c'eſt la palette avec laquelle on le
chaſſe, qui doit le faire entrer ſuffiſamment. Le bouchon bien frappé,
doit ſortir du col de la bouteille, de
quatre lignes ſeulement. L'ouvrier,
qui eſt emploïé à boucher, doit,
avant de choiſir ſon bouchon, porter

le bout du doigt index de la main
droite dans l'embouchure de la bouteille ; à ce tact , il doit juger de la
grosseur du bouchon qu'il doit y pó-
fer : il ne doit cependant pas trop précipiter l'opération.

CHAPITRE X.

De la qualité de la ficelle , & de la façon
de l'emploïer.

LA ficelle qu'on emploie à ficeler
la bouteille , doit être d'un chanvre
très fin ; elle ne doit point être trop
torfe , elle doit avoir trois fils ; celle
à deux fils ne vaut pas tant. La plus
mince & la plus déliée est la meilleure.
Il faut la faire bien fécher avant de
l'emploïer. On applique la ficelle en
croix fur le bouchon.

La façon des Bourgeois de la riviere de Marne , d'appliquer leur ficelle , est toute différente de celle
des Bourgeois de Rheims.

A la riviere de Marne, on double
la ficelle chaque fois qu'on l'applique
fur le bouchon ; plufieurs même après
l'avoir appliquée fur le bouchon & paffée fous l'anneau de la bouteille, la ra-
menent fur le bouchon,& font la croix,
fouvent même une double croix, ne
coupant qu'une feule fois la ficelle.
C'eft une méthode mauvaife, & même dangereufe, parceque fi un brin
de cette ficelle vient à pourrir & à fe
caffer, toute la ficelle entiere fe détache, le vin fermentant chaffe le bouchon, & fe perd.

La maxime des Rhemois vaut
mieux, ils fe contentent d'une feule
croix, fans doubler la ficelle ; elle
couvre moins le bouchon, & le goudron pénetre mieux à l'entour ; ils ne
manquent pas de couper deux fois la
ficelle en faifant cette croix. Si l'une
pourrit & caffe, du moins l'autre fe
conferve & maintient le bouchon. Il
n'eft pas poffible de montrer ici la fa-

çon d'appliquer cette ficelle. Le feul
coup de main peut l'apprendre.

CHAPITRE XI.

*De la compofition du goudron, de fes
inconvéniens, & du moïen d'y remédier & de s'en paffer.*

LA compofition de la cire dont on
fe fert pour goudronner l'embouchure
de la bouteille, doit être telle. Il faut
prendre deux livres de cire jaune, une
livre de poix réfine, une livre de poix
blanche, & environ une once de térébenthine; on mêle le tout enfemble
dans un grand chaudron de fer, on le
fait fondre fur un feu lent. Si l'on
veut conferver au goudron fa couleur
jaune & l'empêcher de noircir, il faut
avoir un fecond chaudron fur un bon
feu, fans les féparer l'un de l'autre;
& l'on continue d'en faire ufage jufqu'à ce qu'il foit confommé : l'ufage

L v

du bain-marie empêche le goudron de noircir & de fe brûler. L'ouvrier qui emploira le goudron , prendra la bouteille par le cul , la renverfant du haut en bas , il en trempera l'embouchure dans le goudron jufqu'au-deffous de la bague , de façon que toute la ficelle foit goudronnée. Il faut que le goudron foit fuffifamment chaud , afin qu'il pénetre bien au tour de la ficelle , & qu'il ne foit pas trop épais. Il ne faut pas non-plus l'emploïer trop chaud , parcequ'il feroit caffer la bouteille.

La térébenthine eft néceffaire dans la compofition du goudron qu'elle rend gras : fans elle la poix réfine , qui y domine , forme une poufliere , qui , en débouchant la bouteille , fe répand dans le Vin ; ce qui y fait un mauvais effet , & lui donne un mauvais goût. Il en réfulte encore un autre inconvénient : le goudron ne peut pénétrer & s'appliquer à la face de la ficelle qui touche à la bouteille & au bouchon ; au contraire , l'air & l'humidité qui y pénetrent aisément, la pourriſſent plutôt.

On peut éviter le mauvais effet du goudron , en ne s'en ſervant point. Qu'on ſe contente de paſſer la ficelle encore en pelotte dans l'huile de lin , ou de noix , qu'on laiſſera bien égouter , & qu'on fera ſécher au Soleil ou à la cheminée : cette ficelle emploïée devient auſſi ferme & roide qu'une corde à bóïau , & dure pluſieurs années dans la cave , ſans ſe pourrir.

On doit prendre garde de ne point appliquer le goudron à la bouteille, que le bouchon , la ficelle & le col de la bouteille ne ſoient bienſecs , autrement ce goudron n'y prendroit pas ; au contraire , il formeroit de petites bulles d'eau, qui ſe ſéchant, laiſſent un vuide par lequel l'air péhetre juſques dans le bouchon.

Les bouteilles , auſſi-tôt qu'elles

L vj

font emplies, bouchées, ficelées &
goudronnées, fi on le juge néceffaire, doivent être portées à la cave
pour y être entraillées. Il vaut cependant mieux laiffer les bouteilles de-
bout dans la cave pendant quelques
jours, que de les entrailler dans le
même inftant qu'on les defcend : l'efprit du vin a le tems de fe repofer,
après les fecouffes violentes qu'il a
reçues, & les bouteilles font pour lors
moins fujettes à fe caffer.

CHAPITRE XII.

Du choix des caves pour le Vin mouf-
feux, & des baffins propres pour pla-
cer les Vins.

Il ne fuffit pas de prendre les précautions que nous avons détaillées jufqu'ici, pour bien conditionner le Vin
qu'on met en bouteille, il faut encore
le garantir de la caffe le plus qu'il eft
poffible. Pour y réuffir, il faut faire

deux chofes. 1°. Faire choix de bonnes caves qui ne foient ni trop hautes, ni trop baffes, ni trop chaudes en Hiver, ni trop froides en Eté ; les plus profondes ont ce défaut. Les caves trop hautes reçoivent fouvent quelques raïons du Soleil , quand leurs foupiraux font grands & expofés au Midi & au Couchant , ce qui échauffe les bouteilles , les fait caffer , & leur occafionne du dépôt. 2°. Il faut faire dans les caves, où l'on veut placer des Vins en bouteilles, des baffins de ciment de tuile battue , avec des pots qui reçoivent le Vin qui s'y répand. Ces baffins, *Figures 8 & 9* , fe Pl. 14. font avec un ciment compofé de tuile battue, paffée au tamis, d'autant de bonne chaux vive , détrempée avec très peu d'eau , & battue à force de bras ; il faut qu'ils aillent en pente vers le milieu, fur le devant duquel on place le pot, pour recevoir le Vin des bouteilles qui fe caffent.

Il faut bien se garder de se servir de ces bassins, qu'il n'y ait six mois ou un an qu'ils soient faits, parceque ces bassins, tant qu'ils n'ont pas jetté leur eau, sont extrêmement brûlans, comme on l'a déja dit, & feroient casser beaucoup de bouteilles.

L'utilité de ces bassins ne consiste pas seulement à recueillir dans les pots le vin qui se perdroit autrement, & qu'il faut vuider tous les jours, c'est le moindre avantage qu'on puisse tirer de ces bassins; le plus considérable est d'empêcher le Vin d'entrer dans terre, où il s'échauffe tellement, qu'il en sort des vapeurs, qui non-seulement font casser les bouteilles en grand nombre, mais même brûlent la ficelle, quoique goudronnée, & leur font jetter leur bouchon; ce qui occasionne une perte très considérable. Trois ou quatre jours après qu'on a descendu les bouteilles dans la cave, on doit les entrailler sur les bassins en les cou-

chant ; de forte que le peu de vuide
qu'on y laiffe , fe trouve vers le corps
de la bouteille , & que le bouchon foit
entierement mouillé. On fépare les
rangs avec des lattes. On ne doit pas
élever ces bouteilles les unes fur les autres , plus que de quatre ou cinq rangs;
le plus feroit un trop grand poids , &
écraferoit les bouteilles.

CHAPITRE XIII.

Qualités particulieres de différens Vi-
gnobles , tant de France qu'Etrangers.

LE Vin de Champagne eft le plus
eftimé de tous : quelques fines lan-
gues , dit l'Auteur du Spectacle de la
Nature , penfent que ce Vin l'emporte
de beaucoup fur celui de Bourgogne;
du moins on ne peut difputer qu'il eft
le feul en France qui concoure de
mérite avec ce dernier. C'eft mon fentiment.

Un Vin de Champagne , tel que celui de Sillery , continue cet Auteur, réunit toute la vigueur du Vin de Bourgogne, avec un agrément & une délicatesse qu'on ne trouve nulle part ailleurs. En fait de vin , comme en fait d'esprit, l'union de la solidité & de la délicatesse est le comble de la perfection.

Je crois en avoir assez dit dans le premier chapitre de ce second volume , sur la louange particuliere des vins , pour démontrer , avec vérité & sans prévention, la bonne qualité des Vins de Champagne ; j'y renvoie le Lecteur. Je me contenterai de désigner ici la différente qualité de ces Vins, conformément à la différente qualité des terroirs de ces Vignobles.

On fait en Champagne de trois sortes de Vins , des Vins rouges , des Vins gris, & des Vins paillés , autrement dits œil de perdrix.

Il y a deux natures de Vignobles
en Champagne, qui font ceux des
Montagnes de Rheims & ceux de la
riviere de Marne. Les premiers produifent un Vin rouge qui a du corps :
il nous donne auffi des Vins gris &
paillés ; mais ces Vins font fi chauds &
fi fumeux, qu'on ne peut gueres en
faire ufage qu'au bout de quelques
années.

Les derniers produifent généralement tous Vins gris (a) très délicats &
très fins ; la nature du terroir leur
donne cette qualité. On y fait, à la
vérité, des Vins rouges ; mais on eft
obligé, pour parvenir à leur donner
de la couleur, de violenter le preffurage, fouvent même de paffer la vendange fur de vieux marc, & de l'y
faire cuver quelques jours avant le
preffurage. Ces derniers Vins ne font
pas de garde , & ne foutiennent pas

_____

(a) On entend toujours par Vin gris, un Vin parfait, blanc, fait avec des raifins noirs.

aifément les fatigues du tranſport.
Les Vins paillés y ſont très délicats, &
très bons à boire au bout de l'année.

A l'égard des Vins de Montagne,
les Vins de Sillery, Verſenay, pre-
mier ordre, rouges, gris & paillés,
ſont les plus eſtimés. Les Vins de
Taiſſy, Mailly, Ludes, Chigny,
Champfleury, Mombré, Trois-puits
& Cormontreuil, ſecond ordre, ne
cedent que de bien peu à ces premiers.
Villers, Allerans, Cevinier, Vins
très durs en primeur, mais qui s'affi-
niſſent en vieilliſſant ; Villers-aux-
Nœuds, Chumery, Ecueil, Beſauné
& Urigny, troiſieme ordre, vont après.
Enſuite, Sacy, Villedomange, les
Meneux & Ormes, quatrieme ordre.
Jouy, Pargny, Coulomme, Gueux,
Germigny, Jauvry & Ronay, cin-
quieme ordre : ces Vins ſont les moin-
dres de la baſſe Montagne, & ne peu-
vent gueres ſervir qu'à la boiſſon des
gens du Païs & de quelques Bourgeois.

La Terre de Saint-Thierry, savoir
Trigny, Chenay, Saint-Thierry, sixieme ordre. Armouville, Marsilly,
Villers, Franqueux, Cauvoy, Pouil-
lon, Thy, Merfy, Courcy & Brimont, septieme ordre. Ensuite Cernay, Vitry, Berru & Nogent, huitieme ordre. Ces derniers Vins font
la boisson des Vignerons & Laboureurs de ces cantons. Il faut cependant distinguer entre les Vins de tous
les Vignobles que nous venons de
nommer, celui du clos des Moines
de Saint-Thierry, & du clos de l'Ab-
bé, dit le clos l'Archevêque, quelques Cantons de Marsilly, & le grand
clos de Brimont, dit l'Hermitage,
qui produisent des Vins qui vont de
pair avec les Vins du second ordre.
Ajoutons à ces derniers, quelques
clos du Village de Cernay.

En Bourgogne, les Vins de Macon, Beaune, Saint Pourçain, Nuit,
Pomar, Coulange, & quelques autres, font les meilleurs.

Les Vins de Bourgogne ont été prefque de tous tems eſtimés les meilleurs
de tous les Vignobles du Roïaume,
avant que les Champenois, peuple la-
borieux & induſtrieux, fuſſent parve-
nus, par leurs recherches & par l'exac-
titude de leur méthode non-ſeulement
à donner à leurs Vins, qui n'étoient
pas connus, une très grande réputation; mais même à les conferver,
malgré leur délicateſſe, beaucoup
plus long-tems qu'on ne peut conferver ceux de Guienne & de Bourgogne.

Quelques-uns, furtout les Pari-
ſiens, font encore tellement prévenus
que les Vins de Bourgogne font les
meilleurs, & qu'ils n'ont point d'é-
gal, qu'une expérience du contraire
ne feroit pas capable de les détromper : & en effet, ces Vins font encore, par préférence, la boiſſon des
meilleures tables de Paris & de la
Cour. La vivacité, la pétulance des
Vins de Champagne, connus à Paris

sous le seul nom de Vin mousseux,
ce pétillement, cette mousse laiteuse
si chérie des Dames, mais auquel les
hommes attribuent faussement & par
ignorance le dangereux effet de la
goutte, en sont la cause.

L'Etranger ne pense pas de même;
il sait qu'on peut faire en Bourgogne
du Vin à-peu-près aussi blanc qu'en
Champagne; mais qui n'approchera
jamais, dit l'Auteur du Spectacle de
la Nature, de la bonté & de la nature
de ce dernier : au lieu qu'on fait aujourd'hui en Champagne, du vin
aussi rouge, vineux & corsé, que celui de Bourgogne, mais plus délicat,
plus coulant, & par conséquent plus
salutaire : alors les Marchands, surtout les Flamands, le vendent, ou
pour le meilleur Vin de Bourgogne,
à des gourmets qui s'y méprennent les
premiers, ou à des connoisseurs, qui
en demandent par préférence.

On se persuade fort à la legere,

continue le même Auteur ; que cette couleur foncée, qu'on eſtime dans les Vins de Bourgogne, eſt une marque de leur ſalubrité. Ne voit-on pas que cette rougeur leur eſt commune avec les vins les plus groſſiers : elle ne provient que du mélange des particules fort épaiſſes de l'écorce du grain de raiſin ; & plus le vin en eſt chargé, moins il eſt fin & coulant : il eſt même plus difficile à digérer, d'où vient que la gravelle & la goutte, ſi ordinaires dans ces Vignobles, ſont des maladies preſques inconnues à Rheims, & à la riviere de Marne.

La forte & violente expreſſion des particules les plus épaiſſes de la pellicule du raiſin, dès-là détachée par ſa longue fermentation dans la cuve, eſt ce qui forme le tartre qui s'attache ordinairement aux parois du vaiſſeau qui contient le vin. Les raiſins de chaque terroir ont leur pellicule plus ou moins épaiſſe. Les raiſins des Vignes

de la Bourgogne, ainſi que de celles
de la Provence, du Languedoc, de la
Guienne, de l'Orléanois & autres,
ont ordinairement leur peau fort épaiſſe. La preſſion ſurnaturelle & trop
lente qu'on fait dans ces Vignobles du
marc de ces raiſins ſur le preſſoir, & à
part, du vin qu'on a tiré de la cuve,
joint à ſa trop longue fermentation,
forme la quantité prodigieuſe de tartre qu'on connoît & qu'on remarque dans ces vins. Le peu de ſoin
qu'on fait qu'on y prend de purger ces
vins des parties les plus ſubtiles de ce
tartre, en les tirant parfaitement à
clair, eſt la ſeule cauſe des maladies
fréquentes de la goutte, dont les Pari-
ſiens & les Habitans de ces Vignobles
ſont attaqués.

Au contraire, les Champenois ont
ſu purger en différentes manieres leur
vin, des parties les plus ſubtiles de ce
tartre : leur induſtrie leur a appris à
faire fermenter ſuffiſamment leurs rai-

fins , fans ufer de cuves , ou du moins en s'en fervant fans l'y laiffer croupir trop long-tems , à paffer fur leur pref-foir leur vin avec le marc indiftinc-tement ; ce qui leur procure le corps du vin de Bourgogne fans le durcir ; à n'y admettre aucuns raifins blancs , dans la crainte de fe voir obligés de trop forcer la preffion ; à le tirer bien à clair fans le fatiguer en ufant de leurs foufflets ; ce que ne font pas les Ha-bitans de ces Vignobles dont je viens de parler.

Le preffoir à coffre que je viens de propofer , a auffi l'avantage de preffer le vin fi promptement , qu'en deux heures de tems au plus il purge entie-rement fon marc du vin qu'il contient. J'en ai ci-devant démontré fuffifam-ment l'avantage qu'on en peut tirer pour la délicateffe des vins; j'y renvoie le Lecteur.

Mémoire de l'Abbaye de Cuiffy.

» Dans les Vignobles du Païs Laon-» nois , les vins de Cuiffy font les
» plus

« plus eſtimés & les mieux faits. Par-
» gnan, Jumigny & Vaſſogne appro-
» chent de beaucoup ceux de Cuiſſy ;
» ce ſont des vins très moelleux &
» très délicats. Vaucler , Craone &
» Craonelle paſſent enſuite. Ce vin
» eſt fort bon & bien corſé ; mais il
» n'approche pas de celui de Cuiſſy.
» Baurieux, Rouſſy, Chaudart, Mou-
» lin , Vaudreſſe & Verneüil , avec
» les Vignobles des environs, don-
» nent beaucoup de vin , mais d'une
» qualité beaucoup inférieure à celui
» de Craone.

» Dans le Vignoble d'Argenteuil, Mémoire
» près Paris , les vins rouges , bien de l'Abbaye d'Argenteuil.
» conditionnés, ſont aſſez bons , & ſe
» conſervent huit & dix ans quand
» l'année a été favorable ; il y a enco-
» re quelques Vignobles dans les en-
» virons de Paris , où l'on recüeille-
» roit de bons vins , ſi l'on prenoit
» attention à le bien faire : les autres
» Vignobles ne produiſent que de

Tome II.   M

» très mauvais vins ; on s'y attache
» plus à la quantité qu'à la qualité;
» c'est pour cette raison qu'on y en-
» tretient beaucoup de plants de rai-
» sins blancs.

» Le vin du Païs Messin peut être
» regardé comme un bon vin d'ordi-
» naire, quand il est bien choisi &
» bien façonné : il est leger, assez dé-
» licat, & ne manque pas de feu. Il
» se conserve quelquefois dix ans, &
» communément trois & quatre. Les
» différens Cantons y produisent une
» différence très sensible dans les qua-
» lités du vin.

» En Franche-Comté, les vins
» d'Arbois & de Château-Châlons
» font les meilleurs, ils font en ré-
» putation par tout le Roïaume. Sur
» les côteaux plantés de fromentaux,
» les raisins, quoique vendangés en
» même-tems que les noirs, y don-
» nent des vins aussi bons que ceux
» d'Arbois ; les Vallons y font d'un

» bon rapport , mais le vin n'y eſt pas
» ſi bon.

» En Provence , ainſi que dans la Mémoire d'Aix en Pro
» Bourgogne , les vins qui ſont pla- vence.
» cés dans un fond , produiſent ordi-
» nairement un vin plus groſſier , &
» qui ſe conſerve moins que le vin
» provenant des Vignes ſituées ſur les
» collines. Cette regle n'eſt pourtant
» pas générale , parcequ'il y a cer-
» tains côteaux qui produiſent du vin
» de qualité inférieure , & des plai-
» nes qui nous en donnent d'excel-
» lent ; cela dépend de la qualité du
» terrein , du degré de chaleur & de
» l'expoſition. Le terroir d'Aix forme
» une plaine aſſez vaſte , dans laquel-
» le les Vignes pouſſent fort tard , &
» où cependant le raiſin ſe trouve en
« parfaite maturité auſſi-tôt que dans
» les premiers côteaux ; le vin qu'on
» y recueille eſt excellent, & ſe con-
» ſerve très long-rems.

» En Guienne , le vin de Queiries Mémoire de Bourdeaux.

» a la supériorité sur celui des au-
» tres Palus de la Guienne ; il a plus
» de délicatesse , on lui trouve même
» un goût ou parfum de violette qui
» le distingue. Ce n'est pas le seul vin
» qui ait un parfum particulier , le
» vin du Cap Breton a un goût mar-
» qué de framboise. Il a un autre avan-
» tage considérable , il peut être mêlé
» avec le vin de Grave , pour aug-
» menter la couleur, sans diminuer la
» délicatesse.

» C'est , dit l'Auteur de ce Mémoi-
» re , dans cet objet que les Marchands
» l'achetent , parcequ'ils trouvent un
» intérêt considérable à couper le vin,
» qui ne leur coûte que 400 livres ou
» environ , avec du vin de 1500 liv,
» à 2000 livres qu'ils envoient à leurs
» Commettans , après y avoir fait leur
» opération.

» Le prix du vin des autres Palus,
» dont on a parlé , est de deux à trois
» cens livres , même quelquefois un

» peu au-deſſus, principalement celui
» de Montferrand, & même celui
» d'Ambès, qui depuis quelques an-
» nées a gagné le deſſus. Le vin de
» Médoc eſt diſtingué par ſa ſéve,
» qui lui eſt particuliere.

» Le Medoc eſt un canton qui eſt
» en faveur : le vin qu'on y recueille
» eſt fort en vogue & du goût des An-
» glois. Les Propriétaires de nos Gra-
» ves ont vu, avec jalouſie, cette fa-
» veur que les vins de Medoc ont pris
» depuis trente ou quarante ans. Le
» vin, en Medoc, eſt fort bon & fort
» eſtimé, mais le raiſin n'y eſt pas
» bon à manger. Le raiſin d'entre
» deux mers eſt fort bon à manger,
» & ſon vin eſt au-deſſous du mé-
» diocre.

» Dans nos Graves qui avoiſinent
» le haut Médoc, il y a des vins eſti-
» més & de prix, tant en blanc qu'en
» rouge, comme à Blanquefort &
» quelques Paroiſſes voiſines.

» Les vins connus sous le nom de
» côtes, sont ceux qui viennent sur
» la pente des côteaux ; ce vin de
» côte est du vin blanc ; ce qui n'ex-
» clut pas qu'en certains côteaux il n'y
» ait aussi des Vignes rouges, même
» qui dans quelques-uns donnent des
» vins de prix, par exemple dans le
» Froncadois, où l'on recueille abon-
» damment du vin du prix le plus
» inférieur. Il y a un côteau très élevé,
» qu'on nomme *Canon* ; ce vin de
» Canon est excellent, & ressemble
» beaucoup au bon vin de Bourgo-
» gne, il se vend quelquefois jus-
» qu'à huit & neuf cens livres le ton-
» neau. Quant au vin blanc de côte,
» celui de Blaye & de Froncadois
» sont du moindre prix; ils se ven-
» dent vingt à trente écus le tonneau.
» Celui de Bourges & de Cusaqués,
» dix, douze & quinze écus, ainsi
» que le vin d'entre deux Mers.
» On appelle les vins blancs de

» Côte, *Vins de primeur*, & l'on con-
» fond communément dans ce nom
» les vins doux, mais c'eſt mal-à-pro-
» pos. Les Vins de primeur, ſont ceux
» que l'on achete & tranſporte dans
» la premiere ſaiſon, d'abord après
» vendange ; tels ſont ceux du Blaiois,
» Bourgés, Cuſagués, Froncadois,
» que l'on prend pour la Bretagne, &
» certains autres lieux. Ces vins ne
» ſont doux & liquoreux, qu'autant
» qu'ils viennent d'être faits, & ſont
» encore en moût. Quinze jours
» après ils perdent leur liqueur ; une
» partie des vins d'entre-deux mers
» ſont encore dans le même cas, quoi-
» qu'on y tâche toujours, autant qu'on
» le peut, de le faire en ne vendan-
» geant qu'à diverſes repriſes, & ne
» coupant que les raiſins qui ont
» beaucoup de maturité. Il y a cer-
» taines années où la faveur des ſai-
» ſons leur procure ce ſuccès ; mais il
» eſt aſſez rare. Au-deſſus de Cadil-

M iv

» lac, comme à Loupiac, Sainte
» Croix du Mont, ce font encore des
» vins de Primeur, qui confervent
» mieux leur douceur, qui eft très
» agréable ; ces vins fe vendent beau-
» coup plus que les précédens.

    » Dans le haut Païs, comme Ai-
» guillon, le Port Sainte Marie &
» Clairac, les vins font doux, mais
» la liqueur en eft d'un doux moins
» relevé & un peu meilleur.

    » Les vins blancs de la Dordogne,
» comme ceux de Sainte Foy, Ber-
» gerac, font des vins de Primeur ;
» ce font des vins véritablement
» doux, d'un goût fuave, relevé &
» parfumé ; ce font des vins de côte.
» On leur reproche d'être mixtionnés
» & coupés avec du fyrop. Dans le
» nombre des vins doux, font fans
» doute ceux de Barfac, Preignac,
» Langon : leur douceur a cela de
» particulier, que non-feulement elle
» eft mêlée avec beaucoup de force

» ou esprit ; mais que cette douceur
» le maintient & augmente à mesure
» qu'on le garde. Ce ne sont pas
» des vins de primeur, c'est-à-dire
» qu'ils ne se vendent pas dans la
» premiere saison , soit parcequ'on
» les a vendangés tard, soit parce-
» qu'ils se perfectionnent dans les
» celliers, & y augmentent de prix
» quand ils sont vieux. Ce vin, gardé
» vingt & trente ans, devient égal
» ou supérieur aux vins d'Espagne,
» de Canarie & de Malaga, & on les
» appelle *Vins de l'arriere saison*,
» ainsi que tous ceux qu'on ne vend
» que vers le mois de mars, ou plus
» tard.

» Les vins rouges sont de deux
» sortes : les vins couverts, tels que
» ceux des Palus, & ceux qui le sont
» moins, tels que les vins de Graves.
» Les terreins où on les recueille leur
» donnent par leur nature cette couleur
» plus couverte, plus noire dans l'un,

M v

» & moins dans l'autre. Diverfes cau-
» fes fe joignent & concourent à don-
» ner plus ou moins de couleur : la
» qualité des Cépages, la maniere de
» faire le vin, le tems plus ou moins
» long qu'on le laiffe cuver, la fai-
» fon qui a regné pendant que le rai-
» fin eft refté fur le fep, car il fe
» trouve un grand nombre de nuance
» dans le vin rouge, fans y compren-
» dre celle que certains Propriétaires
» & Cabaretiers lui donnent par le
» mélange, qu'ils en font avec le
» blanc «. Nuance qui n'exifteroit
pas, fi, ce mélange étoit fait dans le
tems de la fermentation du vin.

» Les Marchands qui nous achetent
» des vins rouges pour l'Etranger,
» infiftent principalement fur deux
» points fur lefquels il eft bien dif-
» ficile, ou pour mieux dire im-
» poffible, de les fatisfaire : ils deman-
» dent toujours plus de délicateffe
» dans les vins de Palus, & plus de

» couleur dans nos vins de Graves :
» mais comment les contenter ? puif-
» qu'il eſt de regle générale & infail-
» lible que plus le vin eſt chargé en
» couleur, moins il a de délicateſſe.

» La forte couleur du vin rouge
» en exclut infailliblement la délica-
» teſſe, & réciproquement nos vins
» de Graves ne peuvent jamais avoir
» la couleur foncée & noire de nos
» vins de Palus, & ceux-ci ne peuvent
» jamais avoir la délicateſſe de nos
» vins de Graves ; c'eſt pourtant ce
» qu'exigent nos Marchands de Vin,
» quoiqu'ils ſachent bien qu'ils de-
» mandent une choſe impoſſible. Cet-
» tem au v aiſe-foi de leur part, pour
» ſe procurer un prétexte de chica-
» ner ſur le prix du vin, produit un
» mauvais effet. Le Propriétaire du
» vin de Grave le drogue en le fai-
« fant (a), ou le mixtionne enſuite

___
(a) » Quelques-uns met- » jus de pruneau ; quel-
» tent dans la cuve, du jus » ques autres ſont aſſez
» de ceriſe noire, ou du » extravagans pour y met-

» pour le noircir (a), & le Proprié-
» taire du vin de Palus le fait souvent
» cuver trop peu (b). On y mêle de
» l'esprit de vin pour lui donner du
» feu & de la délicatesse ; ce qui fait
» toujours une mauvaise fin.

» C'est donc certainement une bi-
» zarerie de leur part, ou plus vrai-
» semblablement pour se défendre
» sur le prix, qu'ils font cette diffi-
» culté ; ce qui, après tout, ne vient
» pas à bonne fin : car cela engage di-
» vers Propriétaires à droguer & mix-
» tionner leurs vins pour les colorer
» plus ou moins, & donner de la dé-
» licatesse à ceux à qui la nature la
» refuse.

» Le vin se trouve toujours meil-
» leur vin dans les années abondan-
» tes, que dans les années de disette.
» La raison de cela est aisée à apper-

» tre de la poudre à canon.   (b) » Ce qui fait qu'il
(a) » Ils le coupent avec   » ne se conserve pas long-
» du vin de Palus le plus   » tems.
» couvert & le plus mûr.

« cevoir; cette abondance prouve que
» la saison s'est bien comportée ; que
» le tems a observé toutes les grada-
» tions convenables pour la Vigne ,
» que le froid , le chaud , la pluie , la
» sécheresse se sont succedés à propos.
» Le vin a donc dû être de meil-
» leure qualité.

» Il faut cependant en excepter le
» cas où cette abondance provient de
» pluies excessives , survenues peu
» après les vendanges , ainsi qu'il ar-
» riva dans le Bordelois en 1742 ,
» parcequ'alors l'abondance provient
» d'une séve trop lavée & remplie
» d'eau, qui n'a pû se perfectionner
» par le tems & la chaleur ; le vin n'a
» alors ni corps ni couleur.

CHAPITRE XIV.

Du commerce du Vin.

LE plus grand commerce des Vins
rouges de Champagne , se fait avec la

Flandre Françoife , la Flandre Efpa-
gnole , autrement dite les Païs-Bas , &
le Païs de Liege. Les Hollandois ; les
Anglois , le Païs du Nord , comme la
Suede & le Dannemark ; l'Allemagne,
l'Alface & la Suiffe en tirent une partie : Paris en tire une petite quantité ,
encore font-ce la plûpart des Vins rouges de la riviere de Marne. Les Vins
gris mouffeux & non mouffeux paffent à Paris , beaucoup en Normandie
& dans toutes les Provinces du Roïaume ; dans tous les Païs Etrangers , comme en Italie , en Efpagne , en Portu-
gal , & au-delà des Mers ; on affure
même , dit M. Pluche , qu'ils ont plufieurs fois paffé la ligne impunément :
ils la paffent deux fois pour arriver à
Pondichery , où l'on en envoie.

Les moïens vins rouges fe confom-
ment tant dans le Païs , que dans la Pi-
cardie , la Tireache & les Frontieres.

Les petits Vins font la nourriture
des ouvriers.

» Les têtes de Vin du Païs Laon-
» nois, passent pour la plûpart en
» Flandre, & les communs en Pi-
» cardie. Ceux de Cuissy, Pargnan,
» passent également en Flandre, à Pa-
» ris, en Hollande, & quelquefois
» en Angleterre.

Mémoire de l'Abbaïe de Cuissy.

» Les Vins des environs de Paris,
» & tous Vins François, même les
» Vins de Mantes en Normandie,
» qu'on nomme communément Vins
» François, ne se débitent qu'à Paris,
» & dans le Païs; ils ne passent pas
» plus loin, leur foible qualité ne le
» permet pas.

Mémoire de l'Abbaïe d'Argenteuil.

La plus grande consommation des
Vins de Bourgogne, surtout de ceux
de Macon, Nuits, Pomar, Beaune,
Coulange & autres, de cette qualité,
se fait à Paris, en Flandre, en Angleterre, en Hollande, & dans d'autres
Païs Etrangers; & dans toutes les autres Provinces du Roïaume.

» Le grand Commerce des Vins

Mémoire d'Angers.

« d'Anjou fe fait avec des Marchands
» de Nantes pour la Hollande & pour
» la Flandre , & paie au Bureau d'In-
» grande vingt & une livre par pipe,
» qui fait deux bufes qui font de la
» même mefure que les poinçons
» d'Orleans; il fe fait encore un grand
» debit des Vins d'Anjou pour Laval,
» le bas Maine , & la Frontiere de
» Normandie contigüe au bas Maine.

Mémoire de
Bourdeaux.

» Les Vins de la Guienne , favoir
» ceux du Blayois, Bourgés, Cufagués,
» Froncadois, font des vins de Pri-
» meur qui fourniffent la Bretagne &
» quelques autres lieux. Les Vins
» blancs de la Dordogne , comme
» ceux de Sainte Foy, Bergerac, font
» des Vins de Primeur que les Hol-
» landois y vont chercher ; ils préfe-
» rent à préfent leur Vin rouge : les
» autres Vins de ces Vignobles fe
» con omment dans le Païs.

Les Vins de Franche-Comté fe débitent pour l'ordinaire en Lorraine ,

NOMS DES LIEUX.	Dénomination des Vaisseaux.	Septier de Paris.	Pinte de Paris.	Réduction à la Jauge de Paris.		Réduction à la Jauge de Reims.	
				Septiers.	Pintes.	Septiers.	Pots.
Paris.	Muid...	36...	288..	36	288..	48....	192...
	$\frac{1}{2}$....	18...	144..	18	144..	24....	96...
	$\frac{1}{4}$...	9..	72..	9	72..	12....	48...
Vauvray.	dem. queue	34...	272..	$\frac{1}{2}$ $\frac{1}{8}$ $\frac{1}{16}$	2..	$45\frac{1}{3}$...	$181\frac{1}{3}$..
	feuillette..	17...	136..	$\frac{1}{4}$ $\frac{1}{8}$ $\frac{1}{16}$ $\frac{1}{32}$ ...	1..	$22\frac{2}{3}$...	$90\frac{2}{3}$..
	quarteau..	$8\frac{1}{2}$..	68..	$\frac{1}{8}$ $\frac{1}{16}$ $\frac{1}{32}$ ... $\frac{1}{64}$	$\frac{1}{2}$	$11\frac{1}{3}$...	$45\frac{1}{3}$..
Soissons.	dem. queue	33...	264..	$\frac{1}{2}$ $\frac{1}{4}$ $\frac{1}{8}$ .. $\frac{1}{32}$	3..	44...	176..
	feuillette..	$16\frac{1}{2}$..	132..	$\frac{1}{4}$ $\frac{1}{8}$ $\frac{1}{16}$ ... $\frac{1}{64}$	$1\frac{1}{2}$	22...	88...
	quarteau..	$8\frac{1}{4}$..	66..	$\frac{1}{8}$ $\frac{1}{16}$ $\frac{1}{32}$ .. $\frac{1}{128}$	$\frac{3}{4}$	11...	44...
Beaune.	dem. queue	32...	256..	$\frac{1}{2}$ $\frac{1}{4}$ $\frac{1}{8}$ ...	4..	$42\frac{2}{3}$...	$170\frac{2}{3}$..
	feuillette..	16...	128..	$\frac{1}{4}$ $\frac{1}{8}$ $\frac{1}{16}$ ...	2..	$21\frac{1}{3}$...	$85\frac{1}{3}$..
	quarteau..	8..	64..	$\frac{1}{8}$ $\frac{1}{16}$ $\frac{1}{32}$ ...	1..	$10\frac{2}{3}$...	$42\frac{2}{3}$..
Orléans ou Gros-Bart.	dem. queue	30...	240..	$\frac{1}{4}$ $\frac{1}{12}$ ...	...	40...	160..
	feuillette.	15...	120..	$\frac{1}{4}$ $\frac{1}{8}$ $\frac{1}{24}$ ...	...	20...	80...
	quarteau.	$7\frac{1}{2}$.	60..	$\frac{1}{8}$ $\frac{1}{16}$ ... $\frac{1}{48}$	...	10...	40...
Reims ou Petit-Bart.	poinçon.	27...	216..	$\frac{3}{4}$ ...	...	36...	144..
	cacq....	$13\frac{1}{2}$..	108..	$\frac{1}{4}$ $\frac{1}{8}$ ...	...	18...	72...
	demicacq.	$6\frac{3}{4}$.	54..	$\frac{1}{8}$ $\frac{1}{16}$ ...	...	9...	36..
Riviere ou Champag.	poinçon..	24...	192..	$\frac{1}{2}$ ...	...	32...	128...
	cacq....	12...	96..	$\frac{1}{3}$ ...	...	16...	64...
	demi cacq.	6...	48..	$\frac{1}{6}$ ...	...	8...	32...
Champag. batarde.	poinçon..	20...	160..	$\frac{1}{2}$ .. $\frac{1}{18}$ ...	...	$26\frac{2}{3}$..	$106\frac{2}{3}$..
	cacq...	10...	80..	$\frac{1}{4}$ ... $\frac{1}{36}$ ...	...	$13\frac{1}{3}$..	$53\frac{1}{3}$..
	demicacq.	5..	40..	$\frac{1}{8}$ ... $\frac{1}{72}$	...	$6\frac{2}{3}$..	$26\frac{2}{3}$..

en Alsace, & dans la Comté de Mont-
belliard.

On croit obliger les Personnes particulieres & les Marchands de
Vin, qui font le commerce dans toute
l'étendue du Roïaume, en les instrui-
sant des différentes mesures usitées
dans ces Vignobles.

Comme la mesure de Paris, est la
regle de toutes les autres mesures du
Roïaume, il est à propos d'en faire
connoître ici l'évaluation & la fixa-
tion : c'est pourquoi on va rapporter
ici les noms des vaisseaux de chaque Païs, leur contenance en Septier & Pinte de Paris ; démontrer leur
réduction à la jauge de Paris & à la
jauge de Rheims. Si j'en démontre la
réduction à la jauge de Rheims, c'est
pour obliger mes Compatriotes ; chacun fera celle de son Païs, s'il le juge
nécessaire.

Les Privileges & Franchises des
Foires de la Ville de Reims pour la

vente des Vins , forment un objet trop
confidérable pour les laiffer ignorer
aux Etrangers , qui tirent leur provi-
fion de Vin de cette Ville. On doit fentir l'avantage qu'il y a pour l'Etranger
d'y venir faire fes emplettes pendant
ces différentes Foires.

Les feuls Bourgeois de la Ville de
Rheims , non compofés avec le Fermier , jouiffent des Privileges ci-après
détaillés , & pour lequel la Ville paie
au Fermier des Aides , une indemnité
annuelle. Il confifte en l'exemption du
droit de Gros & d'Augmentation des
Vins vendus pendant le tems defdites
Foires , & qui ne font fujets pour
lors qu'au droit de la Jauge & Cour-
tage , & des Courtiers-Jaugeurs , fuivant le cas.

Les Foires font au nombre de quatre ; favoir , celle de Saint Remy , qui
commence la veille de la Fête , &
dure trois jours francs , dans lefquels
ne font point compris les Fêtes & les

Dimanches, s'il s'en rencontre, de même que pour les Foires suivantes.

Celle des Rois, qui dure les trois jours qui suivent l'Epiphanie.

Celle de Pâque, qui commence le jeudi d'après Pâque, dure huit jours francs.

Celle de la Magdeleine tient les Lundi, Mardi & Mercredi précédant immédiatement la Fête de la Magdeleine.

Outre les jours d'exemption ci-dessus, lesdits Bourgeois en peuvent encore jouir pendant quinze jours, suivant immédiatement ceux de chacune desdites Foires, en faisant par eux signifier au Fermier par un Huissier, pendant lesdits jours desdites Foires, ou le lendemain au-plûtard, le nombre de poinçons de Vin vendus, le nom des acheteurs, le lieu de la destination, qui doit être hors de la Ville & des Fauxbourgs, & déclarer le prix du Vin.

Si les Vins vendus, & dont la vente aura été ainsi notifiée au Fermier, sont enlevés dans ladite quinzaine, dans laquelle sont compris les Fêtes & Dimanches, il n'est dû au Fermier que les mêmes droits qui se perçoivent pendant les Foires.

CHAPITRE XV.

Comment on peut d'un moust, en faire un Vin potable en peu de jours : secret utile aux Vignerons qui n'ont point de Vin pour faire leur vendange.

Dans la Champagne, les Vignerons manquent presque tous de Vin, à la veille de leurs vendanges. Comme le travail de ces vendanges & des pressurages est très pénible, & qu'il leur faut du vin, ils ont la précaution, quinze jours avant, de cueillir dans leurs Vignes les plus hatives, quelque peu de raisin pour faire un quarteau de Vin de boisson ; mais comme ce Vin n'est pas potable assez tôt, ils font un rappé de copeaux de bois de hêtre , sur lequel ils font passer ce moût.

Ce moût, dans sa fermentation , a beaucoup de peine à éclaircir, ils le boivent le plus souvent fort trouble , ce qui les rend malades. Ils opereront plus salutairement & plus prompte-ment, s'ils veulent mettre en usage la maxime suivante , qui leur sera en même-tems moins couteuse.

Dans un poinçon contenant deux cens quarante pintes de vin, mesure de Paris, qu'ils y mettent deux cens trente-cinq pintes de Vin moût , & cinq pintes de bon vinaigre , le moût deviendra un Vin potable, au bout de trois jours ; pour un quarteau , ils n'y en mettront que moitié ; ils auront un Vin très clair.

CHAPITRE XVI.

En quel tems les Vins font fujets
à tourner ?

LES Vins font fujets à tourner, ou
vers le coucher des Pléiades, ou vers
le Solftice d'Hiver ; vers le Solftice
d'Eté, dans la grande chaleur de la
canicule, ou vers le tems de la fleur
de la Vigne, ou des rofes, ou à l'approche du grand froid & du grand
chaud, & des grandes pluies, dans le
tems des grands vents & des violentes
tempêtes. Plufieurs croïent que les
fleurs des Femmes y cooperent beaucoup, furtout pour les Vins nouveaux.
Il eft toujours prudent que les Femmes n'en approchent point dans ce
tems.

Un morceau de fer mis à l'embouchure du poinçon, délivre le Vin de
l'effet du tonnerre ; quelques-uns con-

feillent d'y mettre un rameau de lau-
rier, attribuant à cet arbuste la même
antipathie qu'a le fer pour le tonnerre. Pour moi je crois que le moïen le
plus certain de préserver le Vin d'un
effet si dangereux , est de le mettre
dans une cave bien profonde & bien
froide.

CHAPITRE XVII.

Comment on peut connoître si un Vin est
prêt à tourner , ou s'il sera de garde.

TRANVASEZ votre Vin de son
vaisseau dans un autre, sans le troubler
aucunement ; laissez la lie dans le tonneau, sans le remuer, ni le changer de
place ; quelques jours après, ouvrez le
tonneau, flairez-le, vous sentirez si la
lie a changé de goût, ou vous verrez
si de petits moucherons ou vermis-
seaux y ont pris naissance : ce sera une
preuve certaine de la foiblesse du Vin,

qui ne manquera pas de tourner. A
l'effet du contraire, on doit préjuger
de la longue durée du Vin.

Autrement, prenez un grand roseau
creux d'un bout à l'autre, que vous
descendrez jusqu'au fond du tonneau,
aïant préalablement couvert du pouce
l'orifice supérieur de ce roseau, pour
empêcher l'air qu'il contient de remonter, & par conséquent le vin d'y
entrer; ensuite levez le doigt, la lie
entrera dans le roseau; bouchez-le
bien ensuite, tirez-le du poinçon,
vous en tirerez de la lie, que vous
verserez dans un vase. Une pompe de
fer blanc fera le même effet. Sur la
dégustation de la lie, vous jugerez de
l'effet subséquent du Vin. Vous pouvez encore faire bouillir un peu de
Vin, que vous goûterez après l'avoir
laissé refroidir; tel vous le trouverez
en le goûtant, tel vous devez être assuré qu'il sera par la suite. Mais pour
bien faire cette opération, il faut

prendre

prendre le vin du centre du vaiſſeau. J'ai dit précédemment, comment, avec l'uſage de la pompe, on peut tirer le vin du centre du tonneau.

Vous jugerez encore des effets ſubſéquens du vin, ſi au moment que vous débouchez un poinçon de vin, vous flairez le tampon. Je ſuppoſe que le poinçon ait toujours été plein, de ſorte que la partie intérieure de ce tampon ſoit mouillée de vin. Si le tampon ſent bien le vin, on peut s'aſſurer de la bonne qualité du vin; qu'il ſera de garde, & qu'il n'y a point d'eau.

Vous pouvez auſſi éprouver votre vin par ſa fleur, que nous appellons *fleurette*. Si cette fleur eſt de couleur de pourpre, ſoïez aſſuré de la bonne qualité du vin. Si elle eſt viſqueuſe, c'eſt un mauvais ſigne. Si elle eſt noire ou jaune, le vin s'affoiblira de plus en plus. Si elle eſt bien blanche, il y a tout lieu à eſpérer pour la bonne qua-

lité & la durée. Si elle a la figure d'une
roile d'araignée, elle vous annonce de
l'aigreur dans le vin. Si auffi-tôt que
le vin eft foulé, preffuré & mis dans
le poinçon, vous vous appercevez qu'il
foit gras & vifqueux, & qu'il s'attache au doigt, c'eft-à-dire que la main
trempéé dans le vin, il vous colle les
doigts, vous pouvez être affuré qu'il
fera de garde. Un vin un peu dur &
ferme dans fon moût, s'attendrira &
deviendra par la fuite agréable au
goût, & durera très long-tems. Ceux
qui feront doux, tendres, délicats,
dès leur commencement, ne dureront
pas long-tems.

Portez la main fur un poinçon de
vin; fi au fût le poinçon vous paroît
chaud, le vin ne tardera pas à tourner; plus il vous paroîtra froid, plus
il fera de garde.

Un vin qui vous paroît aigre à l'o-
dorat, eft un vin tourné. Pour y remédier, mettez le poinçon, hermé-

tiquement bouché, dans l'eau ; laissez-
le pendant trois jours , au bout desquels goûtez le vin.

Prenez une lame de plomb , d'é-
taim ou de cuivre , ou même une de
chaque espece , longues & larges de
trois doigts ; attachez-les au tampon
du poinçon avec de la cire , ou autrement ; faites ensorte qu'elles ne tom-
bent pas dans le vaisseau ; bouchez le
bien : au bout de quarante jours ouvrez le poinçon ; si vous trouvez le
vin couvert d'une fleur blanche , &
d'une odeur douce & agréable , & vos
lames bien pures , vous devez être af-
suré que le vin n'est pas gâté , & qu'il
sera de garde ; au contraire , si la lame de plomb est blanche , & que vous
la trouviez couverte d'écaille de céruse,
le vin dégénérera dans peu : il en sera de
même , si vous appercevez sur la lame d'étaim , une sueur noire & d'un
goût aigre ; & de même encore si la la-

me de cuivre se trouve couverte de
bulles d'un goût puant.

────────────────

CHAPITRE XVIII.

Le moïen de préserver de l'aigreur un
Vin qui commence d'en être atteint.

DANS un poinçon de deux cens
pintes de vin, ôtez-en quatre pintes,
que vous remplacerez de quatre pintes de lait de chevre, & le tenez ainsi
fermé pendant cinq jours, au bout duquel tems vous transvaserez le vin dans
un autre tonneau, le purgeant de sa
lie & du lait qui sera descendu au
fond ; ce vin ne tournera sûrement
pas : il faut faire bouillir un peu le
lait, pour en tirer l'écume.

Pour remédier à un moût qui commence à aigrir, jettez dans un poinçon de vin de deux cens pintes, dix
chopines de vin exprimées de raisin

cuit ; que vous mettez tremper jufqu'à ce qu'ils foient renflés & qu'ils aient repris leur groffeur ordinaire.

Si vous voulez rétablir un vin aigre dans fon état naturel, jettez - y de la femence de poreau. Quelques perfonnes prétendent qu'en verfant dans le vin de la cendre de vigne, jamais il ne tournera. D'autres confeillent d'y verfer du fel : d'autres trois onces de réglisse & autant de femence de fenouil qu'on y laissera pendant quatorze jours.

Pour empêcher un vin d'aigrir toutà-fait, & lui ôter fa premiere aigreur, tranfvafez-le dans un tonneau qui ait bon goût & bonne odeur ; répandez-y de la lie du meilleur vin que vous aïez, en quantité raifonnable ; mêlez bien le tout, & le laissez en cet état jufqu'à ce qu'il foit bien clarifié.

Vous corrigerez également un vin corrompu, en y jettant des écailles de fer battu, rougies dans le feu.

Pour guérir un vin poussé ou tourné, commencez par ôter le vin de dessus sa lie, mettez-le dans un autre tonneau, qui ait été soufré avec une meche composée de la façon que je l'ai enseigné dans le second volume, chap. 2 de la troisieme partie; prenez ensuite une demie livre d'alun de Rome, & autant de salpêtre de roche, autrement dit Aphronitre, que vous mettrez dans le tonneau avant d'y mettre le vin.

CHAPITRE XIX.

Comment on peut guérir le vin & le tonneau de la moisissure, & ôter au vin le goût du tonneau.

PRENEZ une poignée d'armoise, que vous tiendrez suspendue à l'orifice du tonneau, de façon qu'elle ne touche pas le vin, & le bouchez.

Cardan conseille de verser dans le vin, la six-centieme partie d'eau ardente ; de boucher ensuite l'orifice du tonneau d'un grosse éponge , qu'on exprimera chaque jour, il prétend qu'en six jours il perdra son goût de moisi. Le poinçon bien raclé & rempli de moût lorsqu'il fermente , est un moïen sûr de faire dissiper cette odeur.

Prenez plein la main de sel , que vous ferez brûler dans une poelle ; jettez-le dans le vin & bouchez le poinçon, vous pouvez ensuite le transvaser quand vous voudrez.

Pour purger un tonneau , ou tout autre vaisseau de moisissure , jettez-y un sceau de lessive , ou plus , à proportion de la grandeur du vaisseau , qui soit très forte & bien chaude , bouchez-le bien & le remuez continuellement jusqu'à ce que l'eau soit refroidie ; l'effet s'ensuivra. Si vous lavez le poinçon avec la décoction de raves & de ses feuilles , vous le purgerez de fa mauvaife odeur.

Mettez dans le poinçon autant de
paille de feigle qu'il en peut contenir, verfez-y enfuite de l'eau bouillante autant qu'il en eft befoin, &
bouchez le vaiffeau ; réitérez trois fois
cette opération , le vaiffeau fera bien
purgé.

Faites bien ratiffer votre vaiffeau
avec une ratiffoire ; & dans les jables
& dans les fentes, avec la pointe d'un
couteau ; mettez enfuite dans le vaiffeau une mefure proportionnée à fa
grandeur, ou au goût fort des cendres
du farment, fans en féparer les cri-
blures; jettez-y de l'eau bouillante ;
frottez toutes les parties du vaiffeau,
de cette cendre détrempée dans de
l'eau ; refermez le vaiffeau, laiffez-le
en cet état jufqu'à ce que l'eau foit
bien refroidie ; verfez enfuite l'eau &
les cendres, lavez-le bien avec de
l'eau de faumure : fi c'eft une grande
cuve, ou un barlon ou tine qui n'ait

pas de double fond , couvrez-les bien
de drap & de couverture de laine , de
façon qu'il n'ait pas d'air autant qu'il
eſt poſſible.

On peut également purger un vaiſſeau, en le lavant avec de très fort
vinaigre qu'on aura fait bouillir , &
qu'on y laiſſera quelque tems.

Prenez de la chaux vive , opérez de
même que pour les cendres.

Quand vous voudrez ôter au vin le
goût du tonneau ; prenez un tonneau
nouvellement vuide , qui ait renfermé
de bon vin ; laiſſez-y ſa lie, & y mettez
le vin qui a pris le goût de bois : après
l'avoir tiré à clair , quand il ſera preſque plein , on y laiſſera pendre pendant deux ou trois jours un petit ſac
dans lequel on aura mis une livre &
demie de froment que l'on aura bien
fricaſſé.

CHAPITRE XX.

Le moïen de bien dégraisser les vins.

Prenez un quarteron d'alun bien pulvérisé, & deux ou trois poignées de ciment, ou de sable bien chaud & bien fricassé, que vous mettrez dans le tonneau ; ensuite vous remuerez le vin avec un bâton fendu en quatre, pendant un quart-d'heure : si vous n'avez pas d'alun, mettez-y une livre de farine de pur froment ; quelque tems après vous transvaserez le vin dans un autre tonneau, le tirant encore à clair.

Prenez six onces de tartre rouge de Montpellier, pour dégraisser le vin rouge ; pour le blanc, on sert de tartre blanc : on mêle le tartre dans cinq ou six pintes de vin, que vous voulez dégraisser ; jettez ensuite ce mélange dans le poinçon, que vous remuerez

bien; laiffez-le enfuite repofer pendant douze ou quinze jours.

Faites bouillir du miel pour en faire
fortir la cire, & faites - le paffer par
un linge , mettez-en trois pinres fur
un poinçon. Si c'eft en Eté , & que
vous craigniez que votre vin ne tourne, il faut y jetter une pierre de chaux
vive.

Autre. Si la graiffe n'eft point ou-
trée, prenez un mòrceau de meche de
foufre, large de deux lignes & longue de deux pouces ; prenez un bon
verre d'eau-de-vie , répandez-le fur
votre meche brûlante dans le poinçon;
rebondonez-le & lui donnez deux ou
trois coups de genou fur le fond , vous
verrez que le lendemain le vin fera
fec & clair.

Si elle ne prend pas de cette maniere, prenez un litron (a) de farine

(a) Un litron, eft une   trinfequement trois pou-
mefure ronde , contenant ces & demi de hauteur ,
la feizieme partie d'un   fur trois pouces dix lignes
boiffeau de Paris ; il a in-   de large.

de froment, pour une piece d'environ
cent cinquante pintes, mesure de Paris, & mettez-y quatre blancs d'œufs
& environ un demi septier d'eau, battez cela ensemble & jettez le tout
dans le poinçon, & avec un baton fendu, battez le vin dans le poinçon,
en vingt-quatre heures il devient clair
& sec.

CHAPITRE XXI.

Différens secrets pour les Vins.

Pour donner une blancheur parfaite au vin qui est jaune, ou un peu
taché, il faut prendre du lait de vache,
le laisser reposer un jour entier, le
décremer, ensuite en mettre deux pintes dans un poinçon de deux cens pintes, ou même quatre s'il est fort taché ; ensuite remuer bien le vin avec
un bâton fendu en quatre, puis mettre dans le tonneau quatre ou cinq

poignées de sable bien lavé, bien clair & bien sec, & un demi quarteron de sel commun, & on le bondonnera après qu'on l'aura laissé reposer vingt-quatre heures. Il faut tirer ce vin à clair quelques jours après. J'en ai fait l'expérience, elle est certaine.

Autre. Il faut agiter le vin sur la lie, en tirer sept pintes d'une piece, dans lesquelles vous ferez dissoudre un pilotin de fleur de farine de froment ; mettre cela dans le poinçon, y ajouter ensuite une chopine d'eau-de-vie ; remuer le tout avec un bâton ou une verge de petit osier, & le laisser reposer pendant trois jours.

Autre. Il faut soutirer le vin, ensuite mettre dans le poinçon deux pintes de lait bouilli & bien purgé de sa creme, un litron de farine de froment, six blancs d'œufs, une chopine d'esprit de vin qui n'ait par d'odeur ; mettre brûler dans le poinçon une meche de soufre de deux pouces de

longueur , fur neuf lignes de largeur ; battre bien le tout avec un bâton fendu , on verra quelques jours
après que ce vin fera devenu fec, clair
& bien blanc.

Pour conferver des vins foibles dans
les années pluvieufes ; après que votre
vin aura fuffifamment fermenté dans
le tonneau , l'humeur acqueufe , comme la plus pefante , defcendant en bas;
tranfvafez-le dans un autre, fans attendre qu'il foit clarifié ; vous le purgerez
par-là de fon humeur acqueufe ; &
pour lui rendre de la vigueur , mettez-
y , dans un poinçon de deux cens quarante pintes, une pinte & demie de fel.

La lie des vins forts fechée au Soleil,
& mêlée dans de petit vin , lui donne
de la vigueur & de la force ; du moins
fi l'on peut s'en rapporter à ce qu'attefte
un Jéfuite , dans un livre qui a pour
titre : *Philofophia curiofa* (a).

_____

(a) Voïez le Journal des Savans, du 16 Mars 1691 ,
tom. 10. p. 96.

Pour éclaircir toutes fortes de vins, même les plus troubles dans le tonneau, prenez ; pour une demie quéue de vin, fix onces de fucre blanc réduit en poudre, neuf jaunes d'œufs, & les coquilles bien broïées, deux pintes de même vin ; mêlez le tout enfemble, enfuite mettez - le dans le tonneau, & le remuez pendant quatre minutes ; laiffez repofer ce vin pendant cinq à fix jours, il fera clair comme de l'eau de roche.

Pour bien clarifier un vin tiré de la premiere lie, il faut mettre, fur un tonneau, deux pintes de lait, a près les avoir fait bouillir & écremer.

Autre pour le même effet. Faites bouillir du miel pour en faire fortir la cire, & le paffez par un linge, après mettez-en deux pintes fur un demi muid.

Autre. Vous prendrez une pinte d'eau-de-vie & deux livres de miel, que vous détremperez dans cette eau-de-vie ; puis mettez le tout dans un tonneau, & le bouchez bien, il ne manquera pas de devenir bon ; mais ne manquez pas de faire bouillir le miel, pour en tirer la cire entierement, parcequ'elle donneroit au vin un très mauvais goût.

Pour donner un goût agréable au vin, M. Angran de Rue-neuve conseille de faire tremper de la racine d'Iris dans le vin, dans le tems qu'il bouillonne dans le tonneau, c'est-à-dire pendant tout le tems de la fermentation.

Je pense qu'il vaut mieux lui conserver son goût naturel. On ne doit emploïer ce remede que pour les vins qui ont un goût de terroir ; ce qui pourroit couvrir ce mauvais goût.

Pour s'empêcher de sentir le vin, lorsqu'on a bu, il faut manger de l'Iris, dit *Troglodicien*, on ne puera pas le vin.

Fin du second Volume.

Fig. 1.er

Fig. 2.e

14 pieds.

Mazaini del.

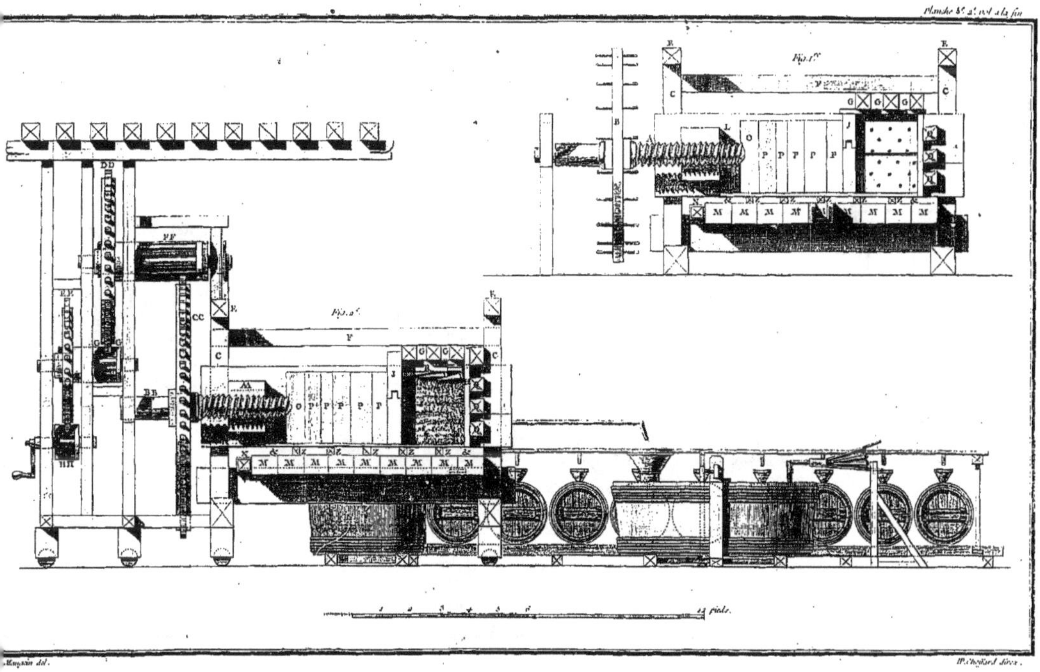

H. chopfard filum

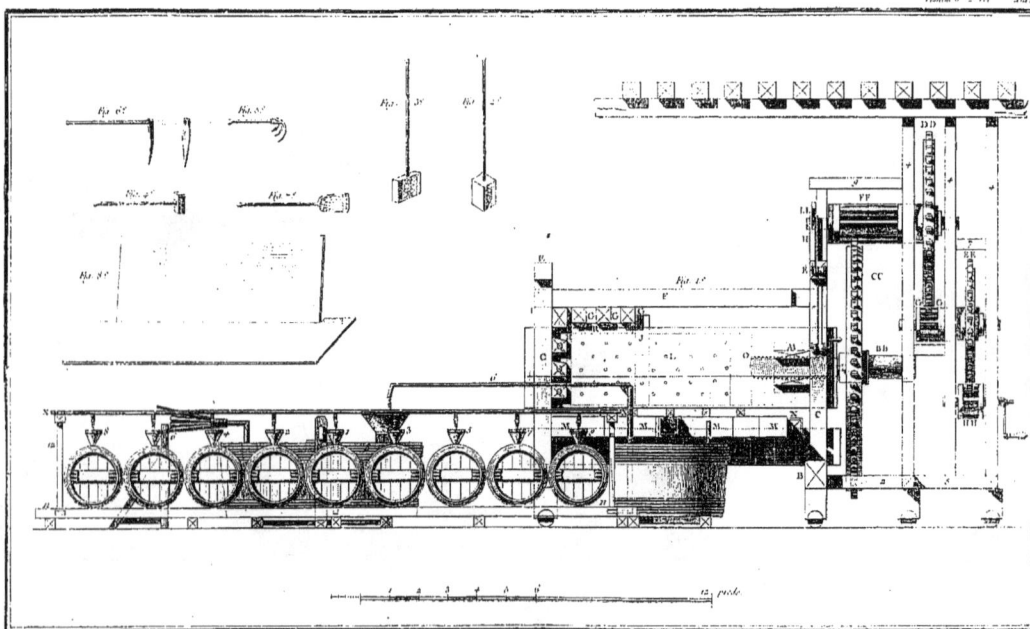

Fig. 1.ere   Fig. 2.e   Fig. 3.e

CC   DD   EE

GG   HH

Fig. 4.e   Fig. 5.e

N
N
N

M M M M M M M M M   M M M M M M M M M

D   D

Q   N

1 2 3 4 5   12 pieds

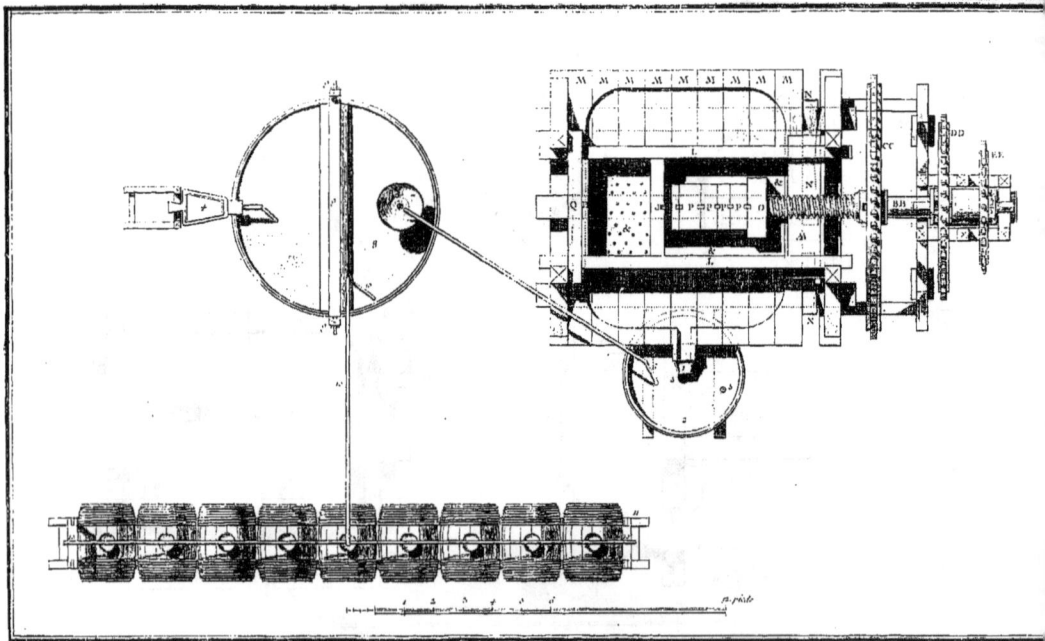

Mignon del.

H. Chapuis sculp.

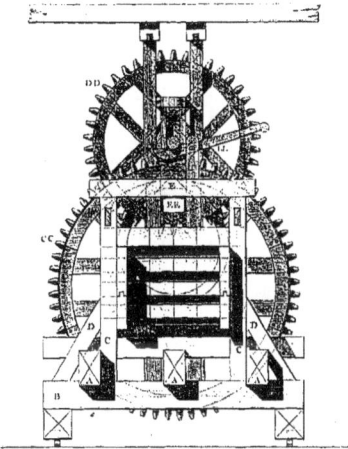

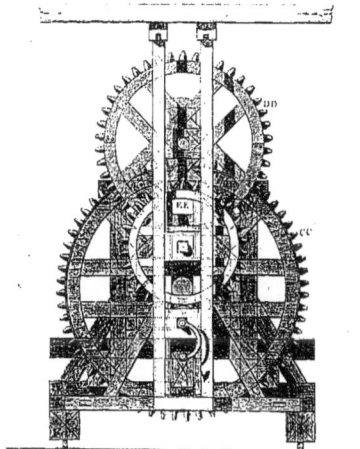

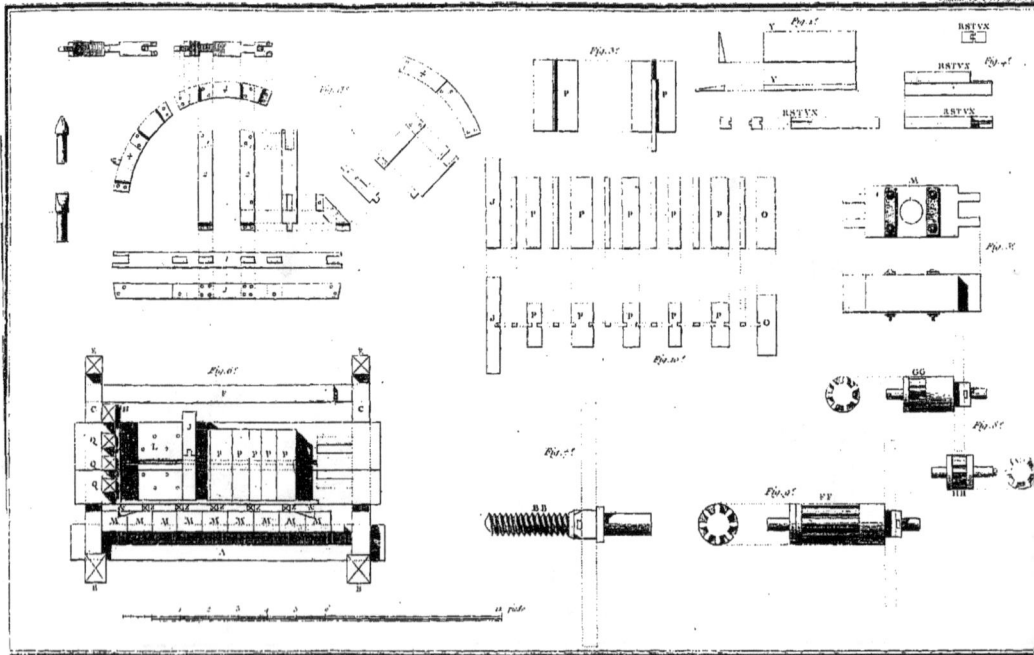

Fig. 2.

Fig. 1.

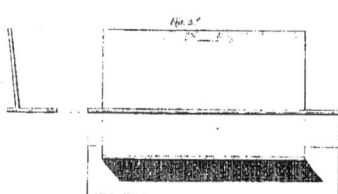

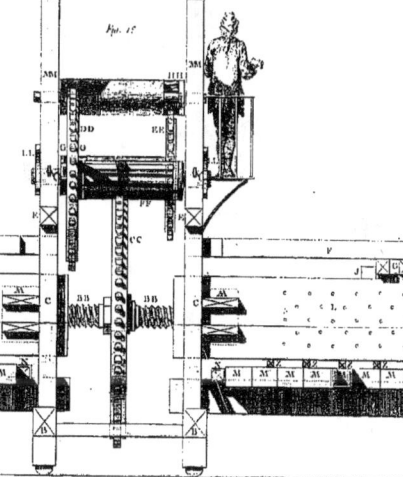

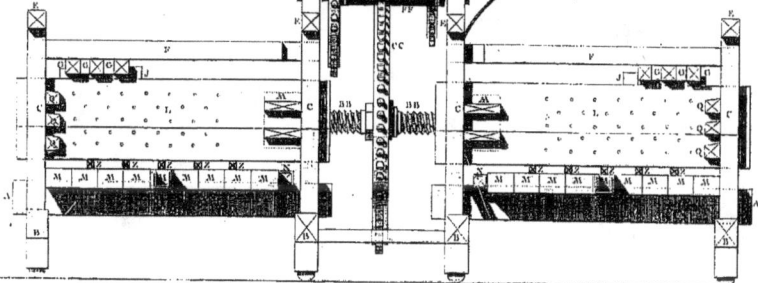

1 2 3 4 5 6   12 pieds

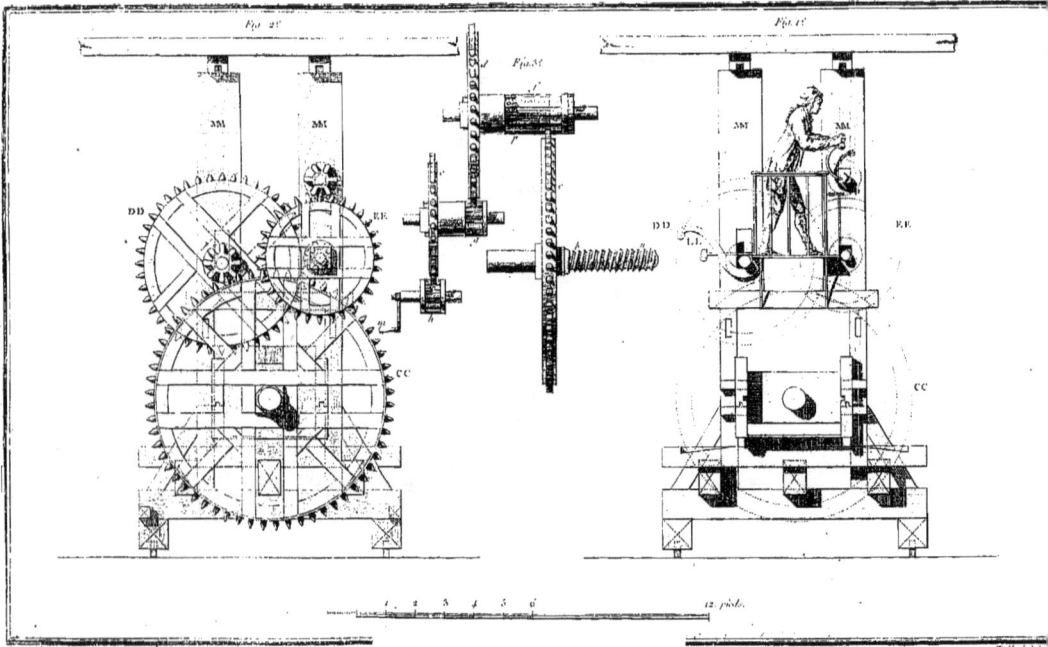

Fig. 2.

Fig. 3.

Fig. 1.

DD   MM   MM   EE

CC

DD   LL   MM   MM   EE

CC

1 2 3 4 5 6   12. pieds.

Original en couleur

NF Z 43-120-8

www.ingramcontent.com/pod-product-compliance
Lightning Source LLC
Chambersburg PA
CBHW060409200326
41518CB00009B/1296